U0338773

Corporate Management for
Climate Change Mitigation

应对气候变化的
企业管理方法

◎ 王大地 著

知识产权出版社
全国百佳图书出版单位

图书在版编目（CIP）数据

应对气候变化的企业管理方法／王大地著．—北京：知识产权出版社，2018.7

ISBN 978 - 7 - 5130 - 5677 - 9

Ⅰ.①应… Ⅱ.①王… Ⅲ.①气候变化—影响—企业管理—研究 Ⅳ.①F272②P467

中国版本图书馆 CIP 数据核字（2018）第 158459 号

责任编辑：雷春丽　　　　　　　　　　　责任印制：孙婷婷

封面设计：SUN 工作室　　韩建文

应对气候变化的企业管理方法

王大地　著

出版发行	**知识产权出版社** 有限责任公司	网　址：http://www.ipph.cn	
社　　址：北京市海淀区气象路 50 号院		邮　编：100081	
责编电话：010 - 82000860 转 8004		责编邮箱：leichunli@cnipr.com	
发行电话：010 - 82000860 转 8101/8102		发行传真：010 - 82000893/82005070/82000270	
印　　刷：北京虎彩文化传播有限公司		经　销：各大网上书店、新华书店及相关专业书店	
开　　本：720mm×1000mm　1/16		印　张：12.25	
版　　次：2018 年 7 月第 1 版		印　次：2018 年 7 月第 1 次印刷	
字　　数：166 千字		定　价：45.00 元	
ISBN 978 - 7 - 5130 - 5677 - 9			

前　言

越来越多的科学研究证据表明，气候变化是 21 世纪人类社会面临的最重大的挑战之一。应对气候变化需要全社会的共同努力，而企业作为重要的社会组织和经济活动的主体，在应对气候变化挑战的过程中可以起到举足轻重的作用。从全球范围来看，日渐收紧的环境政策和逐渐增强的市场压力正在推动企业采取更多措施应对气候变化。因此，制定应对气候变化的策略正成为企业管理的重要组成部分。然而，无论是理论上还是实践中，将气候变化因素纳入日常的管理行为都是巨大的挑战。首先，传统上政策制定者和学者主要关注应对气候变化的国家行为，尤其是通过国际协定的方式约束各国的温室气体排放，对于企业的关注相对较少。其次，相当多的管理者仍然认为，采取应对气候变化的措施会损害企业的经济绩效，而相关研究确实也缺乏足够有力的理论和实证证据来反驳这一观点。尽管存在诸多困难，进一步推动企业深入参与应对气候变化却有其必要性。在现实中，由于不同国家发展水平不一致、自然禀赋差异大、利益诉求有冲突，协调各国并达成有约束力的国际协定存在极其巨大的困难，多次被寄予厚望的国际气候峰会都无果而终。因此，越来越多的学者意识到国家行为的局限性，转而把目光更多地投向企业。

本书从企业的温室气体排放目标制定、企业环境绩效评估、技术组合

1

的设置和技术创新投资等不同方面，对企业应对气候变化的管理方法进行了研究和分析。全书共分六章。第 1 章导论部分简要阐述应对气候变化的企业管理基本理念，分析气候变化对企业的影响，从而导出企业采用应对气候变化管理方法的必要性。第 2 章分析企业应对气候变化的管理方法中基础而又重要的一步，即如何设定温室气体排放目标。本章具体内容包括设定排放目标的意义，欧美国家主要企业的目标设定现状，发展中国家主要企业的目标设定现状，以及影响目标设定的企业内外部因素。第 3 章论述把气候变化纳入企业绩效评估的方法，即如何把气候变化指标和企业的经济绩效综合考虑，给出更加全面的企业绩效评估。本章具体包括气候变化与企业绩效的关系，企业绩效评估中的关键概念，基于数据包络方法的绩效评估模型，以及该评估模型在不同行业的应用实例。第 4 章对企业所采取的应对气候变化的技术方案进行理论和实证研究，具体包括应对气候变化技术的分类，技术组合背后的管理因素，以及相关技术对企业运营和环境绩效的影响。第 5 章阐述如何发掘应对气候变化的技术创新机会。第 6 章简要探讨气候变化对企业管理带来的新挑战及其对策。希望本书对相关问题的研究者、管理的实践者和一般读者都能够提供有益的参考与启示。

目 录 CONTENTS

第1章　导　论

1.1 应对气候变化的企业管理基本理念

气候变化被认为是当前人类社会面临的最严峻的挑战之一，其对人类社会的影响有两大显著特征。第一，气候变化影响范围广。通过改变整个地球的生态系统，气候变化的影响可以触及全球人类社会的方方面面，包括文化活动、经济活动、自然资源、人类健康等等。例如，在经济方面，联合国认为，"气温每升高 2.5℃ 就可能会使国内生产总值下降 0.5% ~ 2%，而大多数发展中国家的损失会更大"[1]。在人类健康方面，世界卫生组织（World Health Organization，WHO）认为，气候变化将影响空气、饮用水和食物的供给，将加剧疟疾、痢疾等疾病的传播，2030 ~ 2050 年将直接导致全球每年 25 万人死亡。[2] 第二，气候变化超出一定范围后具有不可逆性。普遍的观点是生态系统中存在一个或多个转折点（tipping point），当气候变化导致的生态系统变化超出转折点之后，即使采取进一步的控制措施，变化也无法逆转。有观点认为，地球的生态系统已经接近于转折点。以上两大特征说明了人类社会采取措施应对气候变化的重要性和紧迫性。

鉴于气候变化影响范围之广，人类社会需要共同努力应对挑战。传统上，国际社会主要关注应对气候变化的国家行为，尤其是通过国际协定的方式约束各国的温室气体（greenhouse gas，以下简称 GHG）排放，为气候变化设计全球解决方案。然而在现实中，由于不同国家发展水平不一致、自然禀赋差异大、利益诉求有冲突，协调各国并达成有约束力的国际协定存在着极其巨大的困难，多次被寄予厚望的国际气候峰会都无果而终。此外，单一的国际社会层面的措施或国家的政府决策也难以激发民众和企业的积极性和创造力。越来越多的学者意识到国家行为的局限性，转而把目光投向其他组织群体。鉴于减少全球温室气体排放需要人类社会的集体行动，有学者提出，为解决处理气候变化问题，我们需要采用多中心策略（polycentric approach）[3]。多中心策略的核心原则是，除国家行为之外，应对气候变化还需要人类社会的各个组成部分采取行动。相比国家层面的单一策略，多中心策略的主要优势在于，该策略可以在多个层面上鼓励特定的组织或群体采用特定的适宜该组织或群体的应对气候变化的策略，充分发挥政策的灵活性。企业是人类经济活动的主体。在多中心策略中，企业应对气候变化的方式方法起至关重要的作用。正如国际航运巨头马士基（Maersk）所声明，企业在应对国际问题时不能袖手旁观[4]。

现实中，国内外的新形势、新进展大大增加了全球范围内企业应对气候变化的压力。国内方面，十九大报告提出要把我国建成富强民主文明和谐美丽的社会主义现代化强国，确立"美丽"这一目标将生态文明建设提升到前所未有的高度。国际方面，于 2015 年达成、2016 年生效的《巴黎协定》为 2020 年后全球应对气候变化作出了制度安排；我国积极推动《巴黎协定》签署，并一再强调将全面落实协议中的承诺。因此，如何有效地推进企业应对气候变化是摆在政策制定者和企业管理者面前的重要问题。

1.2 气候变化对企业的影响

　　研究企业应对气候变化的管理方法需要首先明确气候变化对企业有何种影响。通过对文献的调研，我们可以归纳出气候变化可通过多个渠道对企业产生影响，包括政府政策、市场反应和环境变化，而其影响的维度包括企业的经济绩效和环境绩效。气候变化对企业影响的示意图如图 1 - 1 所示。各个渠道对企业的影响机制具体如下。

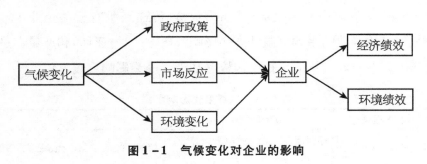

图 1 - 1　气候变化对企业的影响

1.2.1 温室气体排放的影响

　　温室气体排放造成的气候变化会直接影响企业运营的生态环境，包括平均温度和极端温度的变化、降水分布变化、海平面上升、热带气旋活动增加等。企业的正常运营离不开适宜的生态环境的支持，生态环境恶化可能导致企业绩效的恶化。例如，可口可乐公司承认，气候变化在印度造成了严重的干旱，而干旱导致了生产过程中最重要的原材料水的短缺（通常 2.7 升水可以生产 1 升可乐），从而严重威胁可口可乐的运营状况和经济绩效。因此，气候变化导致的生态环境恶化对于可口可乐的运营有直接影响。可口可乐公司认识到气候变化对其业务的严重负面影响后，在全球范围内采取了一系列具体的措施积极应对气候变化，包括在公司的供应链运输中用可再生能源如生物乙醇驱动的卡车代替传统的柴油车，提高可口可乐制造过程的能源效率，并重新设计产品的包装以减少生产过程的碳排放。又比如，雀巢公司也认为气候变化已经开始影响公司的运营[5]：

"Climate change is a critical global challenge, and already affects how we do business. In the last century, average global temperatures rose by almost 1°C, causing huge changes in our climate and forcing food producers to adjust how, when and where they grow their crops."

表1-1给出气候变化对企业直接影响的一些代表性示例。需要注意的是，气候变化的影响绝不会仅限于某一家公司，而是会通过价值链（value chain）和供应网络（supply network）传递到所有相关企业中。例如，气候变化导致的平均气温升高会影响农作物的种植时间和产量，进而影响食品行业对农作物的采购、运输和加工，最终影响终端零售。

表1-1　气候变化影响示例

气候变化的后果	影响的行业	代表性企业
平均气温升高	医疗健康，农业相关行业，林业畜牧业	辉瑞，Tyson Foods，Monsanto，雀巢
海平面上升	建筑业，房地产，渔业，旅游	Related Companies，American Seafoods
降水分布变化	农业相关行业，畜牧业，林业	星巴克，嘉吉，General Mills
热带气旋活动增加	海上石油开采，航运，旅游	BP，马士基，Norwegian Cruise Line

1.2.2 政府的影响

政府无疑对企业应对气候变化的态度和措施有巨大影响。政府的影响一般通过气候变化相关的各种政策法规发挥作用。从全球范围内来看，各国政府采用的政策法规可分为两类，即企业可自愿参与的、带有激励性质的软性政策法规和具有强制性的硬性政策法规。

软性政策法规的代表是美国的"气候领袖"（Climate Leaders）项目。为鼓励企业采用减排行为，美国环保署（Environmental Protection Agency，以下简称 EPA）建立了企业自愿参与的气候领袖项目。该项目最初创建于 2002 年，2011 年被"企业气候领导中心"（Center for Corporate Climate Leadership）项目所取代。该项目设置了一系列气候变化相关的条件，例如，企业须设置温室气体排放目标，企业能效须达到一定标准。企业符合条件即可申请加入该项目获得认证。该项目设立后取得了较好的效果，金融、建筑、电信等各个行业的企业纷纷加入此计划，以获得设立温室气体排放目标及规划减排措施方面的指导。

硬性政策法规包括气候变化相关信息的强制披露、温室气体排放交易、碳税、强制标准和配额等等。气候变化相关信息强制披露的代表性政策法规是美国证券交易委员会（Security Exchange Commission，简称 SEC）于 2010 年发布的《关于气候变化相关披露的委员会指南》（SEC FR - 82），该指南要求企业在 10 - K 年度报告中披露气候变化的相关问题，尤其是气候变化给企业运营带来的风险。此外，美国环境保护署推出了"温室气体报告项目"（Greenhouse Gas Reporting Program，以下简称 GHGRP），要求碳排放量大于每年 25000 吨的工厂或设施向环保署报告其排放量。温室气体排放交易的代表是欧盟温室气体排放交易系统（European Union Emissions Trading System，简称 EU ETS）。作为一种市场化方法，排放交易的原则是为其所涵盖的设施制定整体排放量，并通过市场交易确定排放权的价格。欧盟的 28 个成员国按照《京都议定书》的规定，于 2005 年 1 月启动了欧盟温室气体排放交易系统。目前，该交易系统涵盖欧盟境内大约 12000 个来自能源、冶金、化工、造纸等行业的工厂和设施。从建立之日起，欧盟温室气体排放系统就成了世界上最大的温室气体排放交易市场。通过该交易系统，欧盟超额完成了《京都议定书》所规定的第一阶段的目标，目前正在推进完成其第二阶段的承诺。碳税的核心思想和碳交易类似，即为温室气体排放定价。例如，加拿大魁北克省从 2007 年 10 月 1 日开始向石油企业收取碳税，额度为每加仑汽油 0.008 加元，即每吨二氧化碳当量约 3.50 加元。强制标准和配额包括为能源效率制定标准、强制温室气体减排幅度和为可再生能源的使用建立最小配额。例如，美国的奥巴马政府出台的《清洁电力计划》（Clean Power Plan，以下简称 CPP）要求各州达到一定的减排目标；美国加州于 2015 年通过的可再生能源比例标准（Renewable Portfolio Standard，以下简称 RPS）要求到 2030 年各电力公司供应的电力中至少 50% 来自可再生能源。

1.2.3 市场的影响

决定企业采取减排行动的另一种重要驱动因素是来自市场的影响[6]。市场的影响主要包括两种，一是企业产品或服务的消费者对企业的反应，二是企业的投资人对企业的反应。有环保意识的消费者越来越不愿意购买在气候变化方面形象较差的企业的产品和服务，投资者对将资金注入应对气候变化不力的企业也充满疑虑。

我们以美国煤炭企业 Peabody Energy 为例来说明气候变化通过市场对企业的影响。Peabody Energy 是世界上最大的私营煤炭企业，其主要客户为大型的燃煤企业，如火力发电厂。气候变化压力和天然气供给的增长促使发电企业对煤炭的需求日益降低。此外，机构投资者，如共同基金、养老金和高校的捐赠基金越来越强调社会责任投资（socially responsible investment，简称 SRI）这一理念，即其所投资的公司应是在环境、社会和公司治理等方面（environmental，social and governance，简称 ESG）具有良好表现的公司。在全球范围内，社会责任投资正在成为一条普遍的投资标准。联合国建立了"责任投资原则"组织（Principles for Responsible Investment，简称 PRI）以推行社会责任投资。截至 2018 年年初，已有超过 1600 家公司签署了原则，且数目仍在不断增长中。例如，共同基金巨头富达基金（Fidelity Investment）于 2012 年签署原则，并承诺："对所有的富达基金而言，将环境、社会及公司治理议题纳入我们投资决定是制定决策的一部分"，这是因为"我们相信投资具有高标准企业责任，能增进以及保障客户的投资回报。"[7]基于与富达基金类似的理念，越来越多的投资者开始回避 Peabody Energy 等被认为对气候变化有负面影响的公司。投资者的反应和态度部分导致了 2016 年 Peabody Energy 的破产。可见，气候变化可通过市场对企业施加巨大的影响。

1.3 企业应对气候变化的必要性

过去十年里，企业面临的各方面压力与日俱增，除保证其经济绩效可持续增长之外还要提高运营绩效的可持续性。企业对可持续性发展的需求背后由多种商业因素所驱动，包括监管规定的风险、销售损失、声誉下降等外部因素，也包括生产率可能凭借环保方面的技术创新得以提升等内部因素。在很多公司面临的可持续性问题的挑战中，控制温室气体排放是最迫切需要完成的工作之一。可口可乐、雀巢和 Peabody Energy 等企业的事例已经说明企业应采取行动应对气候变化。监管规定方面的变化可以证明这一新的企业发展导向。比如，美国联邦政府、州政府和地方政府已逐渐开始监管温室气体排放，激励或强制要求各公司采取行动以减少其温室气体排放量。市场对气候变化的重视也在日益提高，应对气候变化不力的企业会承受来自消费者和投资者的双重压力。气候变化本身导致的生态环境恶化也会干扰甚至破坏企业正常的运营流程。

我们可以通过利益相关者理论（stakeholder theory）对企业应对气候变化的必要性做进一步解释。美国学者 Robert Edward Freeman 将一个组织的利益相关者定义为，所有可以影响组织目标实现或被组织目标实现所影响的个人或群体。[8]不同于传统的仅强调向股东负责的管理理论，利益相关者理论指出，企业的管理过程需要考虑对所有利益相关者的影响。基于利益相关者概念，有学者进一步提出，企业所处的自然环境也应当被认定为其利益相关者。[9]这种论点的批评则认为，成为利益相关者的前提是具有意识，而自然环境不具有意识。为了应对这种批评，部分学者建议扩展 Freeman 对利益相关者的定义。有学者认为，利益相关者指任何管理者应予以关注的实体，自然环境顺理成章囊括其中，这样一来就解决了关于意识问题的争论。[10] 认可自然环境作为企业的利益相关者就自然引出了企业应对气候变化的必要性。

本书的余下部分将从不同方面切入研究企业应对气候变化的管理方法，内容上可以划分为四个模块，如图 1-2 所示。首先，设定温室气体排放目标往往是企业进行气候变化投资的前提。因此，我们将于第 2 章探讨企业设定的温室气体排放目标，包括不同国家和行业的企业所设置目标的普及程度、涵盖范围和实现目标的难度等等。在设定目标的过程中甚至设定目标之前，企业须对其自身的运营和环境状况有清晰的了解，因此需要进行运营和环境绩效的评估。第 3 章将探讨相关的评估方法，并将方法应用于须重点关注的行业和进行跨行业比较研究。目标设定后，企业需采取具体措施推动目标的实现。这些措施中最重要的就是对减缓气候变化的技术进行投资。常见的减缓气候变化的技术包括能效技术、可再生能源技术、绿色设计等等。我们将于第 4 章探讨企业为应对气候变化所选择的技术如何影响企业绩效。当然，现有的技术肯定无法满足人类社会应对气候变化的需要。因此技术创新是应对气候变化的必由之路。第 5 章将分析与比较不同行业中投资技术创新的机会。最后，第 6 章探讨当前亟待解决的技术和政策问题。

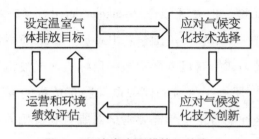

图 1-2　本书主要模块间的关系

第 2 章　企业的温室气体排放目标管理

2.1 企业温室气体排放目标的意义

2.1.1 温室气体排放目标

　　气候变化被认为是人类社会面临的最严峻挑战之一。为实现 2015 年巴黎联合国气候变化会议（COP21）设定的目标，即将全球气温同前工业化水平相比的增长幅度控制在 2℃甚至 1.5℃以下，我们必须限制温室气体的排放。控制温室气体排放的一个关键、往往也是首要的步骤就是制订合理的温室气体减排目标。目标设定一直以来都是所有重大气候变化会议和重大的气候协定如《京都议定书》《巴黎协定》中最为重要也最具争议的议题。1997 年签署的《京都议定书》是最早采用约束性目标限制温室气体排放的尝试。《京都议定书》为工业化国家设定了温室气体排放目标，旨在实现由 1990 年到 2012 年的温室气体平均减排率达到 5.2%。在巴黎联合国气候变化会议上，几乎所有参会的发达及发展中国家都已承诺在某一特定日期前实现一定程度的温室气体减排目标。针对全球、国家及区域层面温室气体排放目标的设定问题，学术界已展开了大量的理论及实证研究。然而在现实中，在全球、国家和区域层面形成限制温室气体排放的一致意见并达成协议需要多个国家或地区的磋商，这通常是一个缓慢且艰难的过程。例如，各大主要排放国在 2009 年哥本哈根峰会上就未能就建立合理的碳排放约束性目标达成一致意见。同时，正如许多学者所提出的[11]，想要在全球或国家层面达成一致，需要经历一个非常缓慢且艰难的协商过程。

与全球及国家级温室气体排放目标的讨论相呼应，设定企业的温室气体排放目标也正在成为越发重要的议题。这是因为，政策制定者和研究人员逐渐意识到，企业或可在应对气候变化问题方面起到积极而有效的重要作用。国际商会（Internaitonal Chamber of Commerce，简称 ICC）秘书长 John Danilovich 在巴黎联合国气候变化会议上指出："有一件事是很明确的，那就是政府不可能独立解决这个问题。毫无疑问，企业行动和参与将会是气候变化问题解决措施的中心和决定性因素。"当然，在全球各国的政策体系中，对一家企业的温室气体排放量通常并没有硬性的要求。因此，企业的温室气体排放目标往往由企业自主设定。从经济学角度来看，解决气候变化问题的最有效率的措施就是通过碳税等政策工具为温室气体排放统一定价。如果能够推行对温室气体排放统一定价这个最佳措施，就无须企业自主采取行动。然而事实上，由于存在诸多现实困难，例如不同国家和组织之间的利益冲突等，对温室气体排放定价这个理论上的最佳措施的现实可行性则显得很不尽如人意。实际上，绝大部分国家迄今为止还未采取对碳定价的措施。例如，美国的个别州如加州建立了碳交易市场，但是在联邦层面建立涵盖所有州的统一碳交易市场几乎是不可能的。因此，越来越多的学者注意到了温室气体排放定价这个理论上的最优措施面临的巨大现实困难。为了应对困难，我们需要采取能够鼓励多方自主行动的多中心策略，即除了国家行为之外，应对气候变化还需要人类社会的各个组成部分采用自主行动。企业的自主行动是多中心策略的一个关键因素。目前的主流观点认为，企业如果采取自主行动，则可在解决气候变化问题方面扮演更加积极和重要的角色。

石油和天然气公司是企业界主动设立企业温室气体排放目标的先驱。

英国石油公司（BP）于 2000 年设立并对外公开了其首个温室气体排放目标：至 2010 年比 1990 年的排放水平减少 10%[12]。之后，其他石油天然气公司也追随 BP 的脚步相继设定目标。随后，设立温室气体排放目标的行动逐渐拓展到了其他行业的许多企业，尤其是能源消耗量大的企业[13]。随着公众对气候变化认知的深入和相应风险意识的提高，很多行业里设立温室气体排放目标的企业数量猛增。为促进企业制定温室气体排放目标，一些政府也制定了相应的激励政策。例如，美国没有国家层面的温室气体排放目标，为鼓励企业的减排行为，美国环保署（U. S. Environmental Protection Agency，EPA）建立了企业自愿参与的"气候领袖"（Climate Leaders）项目。该项目最初创建于 2002 年，2011 年被"企业气候领导中心（Center for Corporate Climate Leadership）"项目所取代。金融、建筑、电信等各个行业的企业纷纷加入此计划，以获得设立温室气体排放目标及规划减排措施方面的指导。2015 年，碳排放信息披露项目（Carbon Disclosure Project，CDP）、世界自然基金会（World Wide Fund for Nature or World Wildlife Fund，WWF）、世界资源研究所（World Resources Institute，WRI）以及联合国全球契约（United Nations Global Compact，UNGC）共同发起世界科学减碳倡议（http://sciencebasedtargets. org），以推动设定公司层面目标的科学方法研究。这些动向反映出政策制定者以及企业越来越意识到企业层面目标设定的重要性。

本章研究与企业气候变化管理策略方面的大量文献密切相关。尽管传统上来说，各国政府和各区域组织一直在积极应对气候变化带来的风险，但企业也开始参与到气候变化管理事务当中，且这一趋势在不断增强。早有文献指出，企业所采用的气候策略将成为控制温室气体排放的关键推动力量。[14,15]实证研究结果也表明，随着来自消费者和投资者的压力不断加大、环保气候相关的监管要求不断增多以及对气候变化相关风险和机遇的认识加深，企业在应对气候变化方面进行投资的积极性也越来越高。[16]实证研究显示，许多企业已经开始采用一系列应对气候变化的策略，包括主动披露碳排放数据、引入生态设计、发展低碳能源、提高能效等。[17-20]

尽管针对企业气候策略的研究十分广泛，然而对设定温室气体排放目标这一重要措施的关注度依旧不足。近期，少量文献开始研究企业温室气体排放目标的设定，包括目标设定的方法、目标的范围、设定目标的动机等等。有研究以多家大型跨国企业为样本，分析其应对气候变化的策略，结论发现一半以上的调查对象已设定了减少或者稳定直接温室气体排放量的目标，且不同行业、不同企业的目标设定程序有很大差异。[14]有研究针对英国大型超市企业应对气候变化的排放目标设定的成效和可靠性进行了调查。[21,22]研究发现，企业设定的主动型目标不仅与各国政府的目标相一致，同时也有很高的可实现性。根据企业主动发布的可持续性报告内容和数据分析，有学者对代表性的英国和美国零售商的排放目标设定行为进行了比较，发现与美国零售商相比，英国零售商更倾向于设定力度更大的减排目标并更愿意将供应链的排放纳入目标范围。也有研究者论证了设定企业排放目标将是实现各国和全球气候目标的关键步骤，同时针对实现企业目标方法提出了建设性意见。[11]

除了企业目标设定的意义和特征之外，一些专业化能源管理和碳核算方案也详细分析了企业目标设定的具体步骤。[23]研究认为，企业设定排放目标的程序应进一步优化，尤其是要包含明确的标准和完整的合规检查。同时，根据2009~2010年碳排放信息披露项目数据，有学者检验了目标设定和实际减排之间的联系。[24]研究表明，非金融行业的目标采用和减排幅度之间存在着显著的正向关系；高污染行业及欧盟温室气体排放交易系统所涵盖的行业中，目标严苛度和减排幅度之间存在着显著的正向关系。

2.1.2 企业温室气体排放目标的特征

通常，温室气体排放目标会包含多个方面的特征。我们从目标采用、目标度量、目标范围、目标严苛度、目标完成度五个最重要的特征入手对企业温室气体排放目标进行分析。这五个特征的含义如下：

● 目标采用：目标采用指某企业是否已经建立温室气体减排目标的二

元情况。各企业设定目标的动机可能有所不同。基本上来说，设定排放目标可以使公司有一个判断其应对气候变化举措是否成功的衡量标准。目标同时还可以为一家企业采取具体的减排行动带来动机和压力。另外，设置排放目标也是企业向公众展示其应对气候变化的积极性的一个方法。

- 目标度量：目标度量指企业在衡量其温室气体排放措施时采取的是强度标准还是绝对标准，两者均为企业在实际中广泛采纳的目标度量。无论公司的产出量大小，绝对目标对未来某一时间点的温室气体绝对排放量进行限制；强度目标限制企业每单位产出的温室气体排放量，例如，生产每吨钢材的排放量，每单位营收的排放量。关于绝对度量和强度度量的优缺点的讨论十分广泛。由于强度目标可以将总排放量同经济活动联系在一起，人们通常认为在国家层面强度目标可以提供的适应经济增长的管理框架比绝对目标更为灵活。[25] 事实上，在国家层面，中国和印度等经济发展迅速的国家确实更倾向于制定基于 GDP 的碳强度的排放目标，而非《哥本哈根协定》中所讨论的限制绝对排放量的条款。但也有学者认为，强度目标所导致的排放总量的不确定为应对气候变化带来了潜在的问题，因此强度目标有可能造成排放量失控的结局。[26] 此外，我们也注意到有部分公司同时采用绝对目标和强度目标。

- 目标范围：目标范围明确规定目标涉及的温室气体排放源的广度。一家企业的范围 1 温室气体排放指的是，由企业直接控制或所有的工厂和设施产生的全部温室气体排放。一家企业的范围 2 温室气体排放是由企业消耗或者购买的发电、发热、蒸汽产生的非直接温室气体排放。一家企业的范围 3 温室气体排放包含除范围 2 温室气体排放之外公司活动中由公司非自有或非自控资源产生的全部温室气体排放，也就是说，范围 3 温室气体排放指的是公司上下游供应链产生的非直接温室气体排放。企业的排放目标可包括这三个范围温室气体排放的组合。

- 目标严苛度：目标严苛度指的是排放目标所对应的减排程度，在一定程度上反应了完成目标的难度。假定其他相关变量不变，增加减排严苛度通常意味着该企业需要在此方面下更大努力以实现目标。相关研究显示，目标严苛度对某些行业企业的减排效果可以产生积极和关键性的影响。[24] 因此，严苛度是一个值得追踪的重要指标。另外，我们也注意到目标严苛度并不能完全反映目标的有效性。这是因为有效性与实际中目标的实施和监管有关，这也就引出了目标的下一个特征，即完成度。

- 目标完成度：目标完成度这个变量反映的是实际中目标的完成情况，也即距离目标实现的进度情况。测量目标完成的情况要考虑两方面的因素，即从时间上而言距离目标设定的期限还剩多少时间，以及当前的减排量距离目标所设定的减排量有多大区别。

我们的研究成果可以简要总结如下。首先，设定温室气体排放目标是应对气候变化挑战的关键步骤。关于全球及国家温室气体排放目标的讨论已成为所有重大气候变化会议的主题，但对于企业如何设定减排目标的了解则十分匮乏。在本章中，我们研究全球具有代表性的大型企业对温室气体排放目标的设定，并分析企业层面温室气体排放目标的跨国及跨行业差异。我们的研究主要涉及目标采用、目标度量、目标范围、目标严苛度、目标完成度这五个方面。我们发现，所有被调查企业中，有25%还未制定减排目标。欧盟企业采用温室气体排放强度目标的可能性远大于美国企业。欧盟企业将供应链中非直接排放包括在目标范围内的可能性是美国企业的两倍。欧盟能源与材料行业设定的目标严苛度也远大于美国同级行业。欧盟及美国能源行业目标成果整体上还未取得满意的进展。根据这些研究结果，我们将讨论不同区域及行业的政策制定者和企业管理者在目标制定方面应该解决的最为棘手的问题。

我们也对企业目标设定的驱动因素进行了分析。我们发现，企业规模越大、增长速度越快、创新水平越高、资金制约越弱、政府压力越大，其设定减排目标的可能性就越大。并且，企业发展与绝对目标的采用呈明显负相关，与强度目标明显正相关，这可能是因为强度目标比绝对目标更能适应企业发展。政策制定者和企业管理者或可根据这些决定因素设定气候变化政策，从而在企业层面鼓励和促成更为理想的企业目标设定行为。

2.1.3 企业制定温室气体排放目标的制度及经济背景

企业减排目标的设定与企业所处的制度与经济环境密切相关。在本章，我们针对代表性的国家和地区，简要综述塑造企业目标设定行为的最显著的制度和经济因素。

欧盟：作为全球气候政策的先行者和领导者，欧盟的 28 个成员国率先采取了强有力并且积极的气候政策。早在 2002 年，欧盟就通过了《京都议定书》。按照《京都议定书》这第一个限制温室气体排放的国际协定的规定，欧盟于 2005 年 1 月启动了欧盟温室气体排放交易系统。从建立之日起，欧盟温室气体排放系统就是世界上最大的温室气体排放交易市场。欧盟超额完成了《京都议定书》所规定的第一阶段的目标，目前正在推进完成其第二阶段的承诺。2008 年，欧盟进一步承诺将温室气体排放量同 1990 年水平相比降低至少 20%。除欧盟整体的政策规定之外，部分成员国也开始采取额外措施，将欧盟温室气体排放交易系统所不包括的排放设施和工厂纳入监管。例如，德国制定了《气候变化行动计划 2050》，给所有经济部门设置了排放目标。除了温室气体排放交易，还有一些推动可再生能源和提高能源利用效率的项目。[27] 在企业层面，有证据显示在某些特定行业中（比如零售业），为了应对气候变化，欧盟公司明显采取了比其他国家的公司（例如美国）更加积极的措施[28]。

美国：美国签订了《京都议定书》，但是从来没有正式批准协定执行。在联邦层面，美国目前最主要的温室气体排放政策就是环境保护署推出的"温室气体报告项目"。温室气体报告项目是一项针对每年二氧化碳排放量大于 25000 吨的工厂和设施的强制性排放报告计划,环保署收到报告数据后会通过其官网向公众公开排放信息。[29]由于政治原因,限制温室气体排放量的联邦政策或法规从来没有存在过。在州的层面,部分州推行了更加积极的政策。尤其值得注意的是,美国东北部的 10 个州建立了名为"区域温室气体计划"(Regional Greenhouse Gas Initiative,简称 RGGI)的温室气体排放交易系统。该系统于 2009 年开始启动交易,主要针对电力企业。2012 年,加利福尼亚州启动了类似的温室气体排放交易系统。[30]美国签署了《巴黎协定》。但是 2017 年 6 月 1 日,美国总统特朗普宣布美国将退出《巴黎协定》,并声明经济原因是美国退出的主因。根据协议要求,美国退出协定的正常程序要在三年后即 2020 年完成。全世界的研究者立刻开始评估美国退出带来的可能影响。初步分析显示退出《巴黎协定》后,美国很可能无法达成之前协定中承诺的 2025 年的排放目标;但是从全球层面来看,美国的退出对国际应对气候变化的努力也不完全是负面作用。[31]

日本:总体而言,在应对气候变化方面,日本不如欧盟积极。日本参加了《京都议定书》所规定的 2008~2012 年的第一承诺期,但是退出了第二承诺期。日本政府的官方立场是,日本基于公平性和效率性的原因反对京都议定书框架。当前,日本最值得注意的气候变化政策是"自愿减排交易体系"和"日本环境自愿行动计划"。如同名称中所显示的,这些项目都是企业完全自愿参与的。研究表明,在很大程度上,这些气候项目的严苛度不足,同时也缺乏一致性与透明性。[32]

澳大利亚和加拿大:澳大利亚和加拿大在控制温室气体排放的政策方面相当滞后。两国都参与了《京都议定书》所规定的第一承诺期。但是澳大利亚一直到 2008 年都未正式批准该协议。加拿大放弃了《京都议定书》中签订的国家减排义务,并最终于 2012 年退出了该协议。因为澳大利亚和加拿大同为资源驱动型经济,两国的人均温室气体排放都处于全球所有国家中最高之列,并且两国的政策都"在支持和阻碍强有力的国际气候协定之中摇摆不定"[33]。加拿大没有建立全国性的温室气体排放交易系统。但是加拿大魁北克省于 2013 年开始，针对每年碳排放量超过 25000 吨的工厂和设施推行了省级温室气体排放交易系统。2012 ~ 2014 年，澳大利亚曾短暂推行温室气体排放税，但是用温室气体排放交易系统取代温室气体排放税的建议遭到拒绝。

　　发展中国家（巴西、中国、印度、南非、土耳其）：对于发展中国家而言，气候变化问题代表着非常严重的经济与环境的双重挑战。首先，发展中国家的温室气体排放总量预计将于 2050 年以前超过发达国家排放总量。[34]主要发展中国家的排放量经历了快速增长。例如，中国已经于 2007 年超过美国成为世界上最大的温室气体排放国家，而印度目前是世界第四排放大国。因此，主要发展中国家面对来自国际社会的限排和减排的压力越来越大。其次，因为经济和社会发展水平的制约，[35]对于气候变化带来的不利影响，发展中国家的承受能力比发达国家更为脆弱。最后，将原本用于推进经济发展的财力和人力方面的资源转移到应对气候变化会破坏经济发展的动力。所以，对于发展中国家而言，如何平衡气候变化与经济发展是一个关键问题。

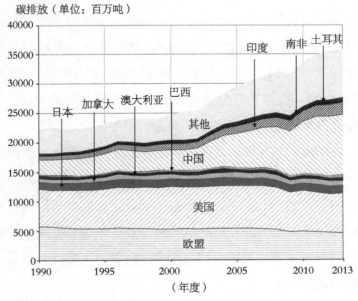

图 2 - 1　1990 ~ 2013 年主要国家的温室气体年度排放总量

最后，我们需要注意，以上列举的国家在人类社会应对气候变化方面的努力过程中起着关键作用。图 2 - 1 显示了各个国家 1990 ~ 2013 年的温室气体年度排放总量。可见，全球温室气体排放总量在不断增长，而其主要原因是自 2000 年以来中国的工业化和经济的快速发展导致的排放量不断上升。发达国家的排放总量已经相当稳定，并且在最近几年开始下降。五个发达国家（欧盟、美国、日本、澳大利亚、加拿大）的排放量占全球排放总量的比例从 1990 年的 60% 左右降低到 2013 年的 1/3 左右。另一个发展中国家代表印度的排放量逐年增加，但增速不像中国那么快。总体来说，该图表明本研究中涉及的国家都是全球温室气体排放的主要国家。因此，这些国家如何应对气候变化在很大程度上决定了人类社会应对气候变化的努力能否成功。

2. 2 欧美主要企业的气候变化目标

在本节中，我们针对欧盟和美国的大型企业采取的企业目标设定政策展开调查。欧盟和美国位居全球各国家/区域温室气体排放源前三名行列之中，[36] 2014 年二氧化碳当量排放量分别为 44. 19 亿吨和 68. 70 亿吨。[37,38] 由于欧盟和美国在国际政策制定方面具有重要地位，[39] 学者专家已在这两个地区展开了大量气候变化问题的相关研究。[40-42]

本节旨在围绕欧盟和美国规模最大的一批企业的温室气体排放目标设定策略展开跨国和跨行业的比较研究。我们致力于回答以下几个问题：不同区域和不同行业的企业是否已经普遍开始设定温室气体排放目标？就目标的普及程度而言，是否存在跨区域和跨行业的差别？这些企业制定的温室气体排放目标在强度、范围、严苛度等方面有什么特点？这些企业实现既定目标的可能性有多大？

本研究采用 989 家欧盟和美国的大型企业作为研究样本。样本数据全部来自碳排放信息披露项目（Carbon Disclosure Project，简称 CDP）。碳排放信息披露项目是于 2002 年创立、位于英国伦敦的一个非盈利性机构。该机构建立并维护涵盖现今企业层面气候变化政策的规模最大的数据库。该数据库提供最为全面和详细的全球大型企业温室气体排放管理活动的相关数据。数据库涵盖的企业都是各国具有代表性的最大型、最值得关注的企业。从大型企业着手研究企业碳排放管理也是本研究的创新点所在。其他针对小型和中型企业的研究显示，它们应对气候变化问题的处理方法与大型企业相比有巨大的不同。[43]

2.2.1　数据与研究方法

本研究中使用的主要数据来源于碳排放信息披露项目数据库。碳排放信息披露项目通过每年年底向全球大型企业发放年度调查收集数据。该年度调查的内容非常详细，包含超过 100 个相关问题。这些问题涉及企业对气候变化的态度、企业的气候变化总负责人职位、针对减排的激励政策、温室气体排放量、已实施的减排活动等等。碳排放信息披露项目还针对各个问题提供了非常具体的回答指南，包括在回答中需涵盖的信息及需使用的格式等等。我们研究采用的样本数据由碳排放信息披露项目 2013 年调查中抽出的 989 家企业组成，其中包括欧盟的 598 家企业（含英国 219 家、法国 69 家、德国 68 家）和美国的 391 家企业。除几家代表性的私人企业之外（如大宗商品公司嘉吉、服装企业李维斯、英国航空公司等），样本中几乎所有的公司都已列入至少一个重要的股票指数中，包括富时 500 指数（FTSE 500）、全球 500 指数（Global 500）、标准普尔 500 指数（S&P 500）、罗素 1000 指数（Russell 1000）。为方便跨行业比较分析，我们根据全球产业分类标准（Global Industry Classification Standard，简称 GICS），进一步将企业样本分成 24 个产业群组。全球产业分类标准是由标准普尔与摩根斯坦利公司于 1999 年联合推出的产业分类系统，是进行产业划分的一个常用标准。

我们从碳排放信息披露项目的调查数据中抽取相关目标设定的特征，包括目标采用、目标度量、目标范围、目标严苛度和目标完成度。其中，目标采用、目标度量和目标范围可直接从数据中抽取出来。由于目标严苛度代表企业实现其所设置的目标难度，我们将目标严苛度定义为与目标参考年份相比排放量降低的百分比。我们应注意到这个定义存在一定的局限性，这是因为目标设定同参考年份相比的减排百分比或许不能确切反映某家企业为实现目标所付出的努力。许多其他因素，例如参考年份的选择、目标的时限、企业自身特点也可能影响到目标实现的难度。然而，正如先前文献所指出的，"为实现既定目标所需付出的努力是很难衡量的"[44]。因此，我们将减排百分比近似作为测算目标严苛度的指标。我们也发现有其他文献曾使用类似的指标。[45]

尽管目标严苛度是反映企业应对气候变化努力程度的重要指标，但仍难明确企业是否真正为实现目标作出了足够努力。因此，我们需要用某种标准来评估企业实现目标的进度或完成度。为此，我们将目标完成度情况定义为自目标建立起所经过时间内的目标进展情况。例如，若时间进程已达到 25% 时减排目标实现了 20%，则目标完成度定义为 20% ／ 25% ＝ 0.8。这一数字的含义是评估目标是否能够准时完成。如果目标完成度小于 1，则意味着整个进程比预计时间要慢，按照当前减排进度则无法实现既定目标；如果目标完成度大于 1，则意味着企业可按当前减排速率超额完成目标任务。当然，众所周知，减排并不是一个持续匀速的过程，目标完成度的测算标准对某些企业来说也可能具有一定的偏向性。例如，发起和建立某些碳管理计划需要的时间可能较长，导致减排可能在接近目标时限的某一时间点才能实现。然而，为了能够在未掌握具体减排行动信息的情况下测算目标完成度，我们不得不利用上述方法进行粗略估算。

为了保证结果的准确性，在所有的计算和统计过程当中，若某企业在某项目标数据上存在缺失，则该企业其他数据项均忽略不计。另外值得注意的是，企业一旦建立起排放目标，这一目标通常会延续多年。因此，目标采用、目标度量、目标范围、目标严苛度等特征不会频繁改变。年度碳排放信息披露项目调查可提供某一特定时间点的目标设定活动的简要情况，而这些目标通常是之前的某个时间点设置的。本研究重点分析 2013 年的数据，这也是我们目前所获取的最近数据。

同先前的企业温室气体排放目标研究相似，[23,28]我们通过内容分析和数据分析两种方法检测各个变量。为分析欧盟企业和美国企业之间的差异，我们采用了不同的统计方法，包括非参数 Wilcoxon 秩和检验、双比例 z 检验、t 检验等等。具体结果见下部分总结。

2.2.2 主要结果与分析

这部分中，我们针对目标采用、目标度量、目标范围、目标严苛度和目标完成度五个方面给出实证分析结果。我们从多个方面入手，讨论欧盟和美国在目标使用整体模式及特定行业目标属性的最显著差异。表 2 - 1 显示的是欧盟企业和美国企业排放目标的采用情况以及根据双比例 z 检验进行的对比结果。整体上，989 家企业样本中有 748 家已采用排放目标，约占样本总数的 3/4。其中，317 家企业仅采用了强度目标，249 家仅有绝对目标，182 家同时采用了绝对目标和强度目标。欧盟已设立排放目标的企业的百分占比为 76.76%，略高于美国的 73.91%，双方仅存在略微差异。欧盟和美国企业在目标采用方面的差距相对较小，这表明两个地区企业温室气体排放目标的普及程度大致相同。考虑到美国政府对其企业施加的减排行动压力相对较小的情况，[46]美国企业采用温室气体排放目标的较高比率或许可反映来自政府之外投资人和消费者等其他实体的压力。此外，欧盟和美国企业的目标采用率远高于 2002 年研究结果所显示的 51%，[15]说明排放目标的普及有显著的进步。

在目标度量方面，欧盟企业同时采用绝对目标和强度目标的比率（21.74%）相对高于美国企业的采用比率（13.30%）。双比例 z 检验结果显示，两者之间的差异十分显著（p < 0.001）。另外，欧盟企业采用强度目标的可能性也远大于美国企业（p < 0.001），而两者绝对目标的采用率基本相同。

表 2 - 1　欧盟和美国企业减排目标分布情况

	公司数量	目标采用		绝对目标		强度目标		绝对和强度目标	
		数量	百分比	数量	百分比	数量	百分比	数量	百分比
欧盟	598	459	76.76%	261	43.65%	328	54.85%	130	21.74%
美国	391	289	73.91%	170	43.48%	171	43.73%	52	13.30%
全部	989	748	75.63%	431	43.58%	499	50.46%	182	18.40%
双比例 z 检验：z - 统计量（p 值）									
欧盟 - 美国		-1.018 (0.154)		0.053 (0.479)		3.420 (0.000)		3.349 (0.000)	

表 2 - 2 显示的是各个行业领域目标度量的分布情况。我们按照欧盟企业目标采用率自高到低的顺序将各个行业进行排序。欧盟目标采用率最低的三大行业为半导体与半导体设备、多元化金融、耐用消费品及服装（采用率分别为 50.00%、52.17%、54.17%），其他所有行业的目标采用率都在 60% 以上。不同行业目标设定的模式可能受到特定领域固有运营和监管因素的影响。原本碳排放量就低的行业（如多元化金融、耐用消费品及服装、食品和日用品零售业、软件与服务行业）受到监管和市场压力影响的可能性也较低。[47]由于监管和市场风险对于企业应对气候变化有重要的促进作用，[6,47]可以预想到，碳排放低的行业采用减排目标方面会有所落后。至于半导体行业，样本中的大多数公司都是处于半导体价值链上游的设计公司。这些公司通常采用无晶圆半导体厂运营模式（fabless 模式），以研发为重心，而将能源和排放密集型生产业务外包给第三方晶

圆芯片加工厂。[48,49]因此，欧盟和美国的半导体公司并不是直接温室气体排放的主要排放源。

另外值得注意的是，能源行业是温室气体的重要排放源，但欧盟和美国能源行业的目标采纳率相对较低（分别为 63.64% 和 62.50%），这说明能源企业在减排目标方面的投入不足。欧盟公共事业行业企业中绝大部分（94.12%）已经设定了排放目标，这一比例远高于美国公共事业企业的目标采用率（74.07%）。这一研究结果同先前文献保持一致。先前文献表明，欧盟公共事业企业在处理气候相关风险方面比美国同类企业更为积极。[50]欧盟公共事业企业普遍隶属于欧盟温室气体排放交易体系，这一体系中的成员企业的温室气体排放必须满足其排放限额，否则需从市场上购买排放许可。除受东北部《区域温室气体行动计划》温室气体交易系统约束的企业之外，美国的公共事业企业不受碳总量管制及交易体系规章管制。

值得注意的是，样本中欧盟和美国的家居及个人用品行业的所有企业都已采用减排目标，采用率为 100%。食品、饮料与烟草行业的目标采用率也很高（欧盟和美国分别为 85.71% 和 95.83%）。这两个行业的企业生产的是成品（如化妆品、食品、饮品），因此比上游价值链中的企业更接近消费者。消费者对碳排放高的产品的需求逐渐下降，这被认为是企业面临的主要风险之一。[47]更接近消费者甚至直接面对消费者的企业自然会面临来自消费者的更大的提升环保水平的压力。事实上，研究文献也表明直接面向消费者的成品生产商对于环保事业有着重要的积极作用。[6]与消费者的压力相对应，这些企业也具有较高的设置排放目标的动力。我们也发现，欧盟和美国某些行业的企业对于绝对目标和强度目标的选择倾向有很大不同。例如，欧盟的食品及主食零售行业和公共事业行业采用强度目标的比率远高于美国同行业企业（$p < 0.01$）；欧盟的交通行业采用绝对目标的几率远高于美国同行企业（$p < 0.01$）。

表2-2 各行业目标采用及目标度量情况

行业	欧盟（数量：百分比%）					美国（数量：数量（百分比%））					双比例 z-检验：z-统计量（p值）			
	总数	目标采用	绝对目标	强度目标	绝对和强度目标	总数	目标采用	绝对目标	强度目标	绝对和强度目标	目标采用	绝对目标	强度目标	绝对和强度目标
家庭与个人用品	6	6 (100.00)	2 (33.33)	4 (66.67)	0 (0.00)	8	8 (100.00)	2 (25.00)	6 (75.00)	0 (0.00)	0.00 (0.500)	0.34 (0.366)	-0.34 (0.366)	0.00 (0.500)
食品与主要用品零售	12	12 (100.00)	8 (66.67)	10 (83.33)	6 (50.00)	8	3 (37.50)	2 (25.00)	2 (25.00)	1 (12.50)	3.16 (0.001)	1.83 (0.034)	2.61 (0.005)	1.72 (0.042)
公用事业	34	32 (94.12)	22 (64.71)	26 (76.47)	16 (47.06)	27	20 (74.07)	17 (62.96)	7 (25.93)	4 (14.81)	2.19 (0.014)	0.14 (0.444)	3.93 (0.000)	2.66 (0.004)
零售业	14	13 (92.86)	6 (42.86)	10 (71.43)	3 (21.43)	22	15 (68.18)	10 (45.45)	8 (36.36)	3 (13.64)	1.74 (0.041)	-0.15 (0.439)	2.05 (0.020)	0.61 (0.270)
原材料	58	50 (86.21)	21 (36.21)	40 (68.97)	11 (18.97)	29	21 (72.41)	12 (41.38)	16 (55.17)	7 (24.14)	1.57 (0.059)	-0.47 (0.320)	1.27 (0.103)	-0.56 (0.287)
食品、饮料和烟草	21	18 (85.71)	7 (33.33)	16 (76.19)	5 (23.81)	24	23 (95.83)	9 (37.50)	20 (83.33)	6 (25.00)	-1.19 (0.117)	-0.29 (0.385)	-0.60 (0.275)	-0.09 (0.463)
交通运输	32	26 (81.25)	17 (53.13)	19 (59.38)	10 (31.25)	14	12 (85.71)	2 (14.29)	11 (78.57)	1 (7.14)	-0.37 (0.357)	2.46 (0.007)	-1.26 (0.104)	1.76 (0.039)
银行	37	30 (81.08)	22 (59.46)	12 (32.43)	4 (10.81)	10	7 (70.00)	6 (60.00)	1 (10.00)	0 (0.00)	0.76 (0.224)	-0.03 (0.488)	1.41 (0.080)	1.09 (0.139)

续表

行业	欧盟:数量(百分比%)				美国:数量(百分比%)				双比例 z-检验:z-统计量(p值)			
	总数	目标采用 绝对目标	强度目标	绝对和强度目标	总数	目标采用 绝对目标	强度目标	绝对和强度目标	目标采用	绝对目标	强度目标	绝对和强度目标
保险	33	26 (78.79) 15 (45.45)	18 (54.55)	7 (21.21)	15	11 (73.33) 11 (73.33)	4 (26.67)	4 (26.67)	0.42 (0.338)	-1.80 (0.036)	1.80 (0.036)	-0.42 (0.338)
消费者服务	18	14 (77.78) 8 (44.44)	9 (50.00)	3 (16.67)	11	10 (90.91) 4 (36.36)	8 (72.73)	2 (18.18)	-0.91 (0.182)	0.43 (0.334)	-1.21 (0.114)	-0.10 (0.458)
房地产	26	20 (76.92) 11 (42.31)	12 (46.15)	3 (11.54)	7	6 (85.71) 5 (71.43)	1 (14.29)	0 (0.00)	-0.51 (0.307)	-1.37 (0.086)	1.53 (0.063)	0.94 (0.173)
资本货物	91	70 (76.92) 39 (42.86)	53 (58.24)	22 (24.18)	33	25 (75.76) 12 (36.36)	16 (48.48)	3 (9.09)	0.14 (0.446)	0.65 (0.258)	0.97 (0.167)	1.85 (0.032)
电信业务	21	16 (76.19) 12 (57.14)	10 (47.62)	6 (28.57)	6	6 (100.00) 4 (66.67)	3 (50.00)	1 (16.67)	-1.32 (0.093)	-0.42 (0.338)	-0.10 (0.459)	0.59 (0.279)
汽车与汽车零配件	16	12 (75.00) 8 (50.00)	12 (75.00)	8 (50.00)	7	6 (85.71) 1 (14.29)	6 (85.71)	1 (14.29)	-0.57 (0.283)	1.61 (0.053)	-0.57 (0.283)	1.61 (0.053)
软件与服务	15	11 (73.33) 6 (40.00)	8 (53.33)	3 (20.00)	22	12 (54.55) 6 (27.27)	7 (31.82)	1 (4.55)	1.16 (0.124)	0.81 (0.208)	1.31 (0.095)	1.49 (0.069)
商业服务与供应品	25	18 (72.00) 6 (24.00)	16 (64.00)	4 (16.00)	14	11 (78.57) 7 (50.00)	7 (50.00)	3 (21.43)	-0.45 (0.326)	-1.65 (0.049)	0.85 (0.197)	-0.42 (0.336)

续表

	欧盟：数量（百分比%）					美国：数量（百分比%）					双比例 z-检验：z-统计量（p值）			
	总数	目标采用	绝对目标	强度目标	绝对和强度目标	总数	目标采用	绝对目标	强度目标	绝对和强度目标	目标采用	绝对目标	强度目标	绝对和强度目标
制药与生物科技	16	11 (68.75)	9 (56.25)	5 (31.25)	3 (18.75)	15	13 (86.67)	10 (66.67)	4 (26.67)	1 (6.67)	-1.19 (0.117)	-0.60 (0.276)	0.28 (0.389)	1.00 (0.158)
媒体	25	17 (68.00)	12 (48.00)	9 (36.00)	4 (16.00)	8	5 (62.50)	5 (62.50)	1 (12.50)	1 (12.50)	0.29 (0.387)	-0.71 (0.238)	1.26 (0.104)	0.24 (0.405)
技术硬件与设备	14	9 (64.29)	6 (42.86)	6 (42.86)	3 (21.43)	32	20 (62.50)	13 (40.63)	11 (34.38)	4 (12.50)	0.12 (0.454)	0.14 (0.444)	0.55 (0.292)	0.78 (0.219)
医疗保健设备与服务	11	7 (63.64)	1 (9.09)	7 (63.64)	1 (9.09)	15	10 (66.67)	5 (33.33)	6 (40.00)	1 (6.67)	-0.16 (0.436)	-1.45 (0.074)	1.19 (0.117)	0.23 (0.409)
能源	22	14 (63.64)	7 (31.82)	9 (40.91)	2 (9.09)	16	10 (62.50)	5 (31.25)	8 (50.00)	3 (18.75)	0.07 (0.471)	0.04 (0.485)	-0.56 (0.289)	-0.87 (0.192)
耐用消费品与服装	24	13 (54.17)	7 (29.17)	9 (37.50)	3 (12.50)	14	14 (100.00)	9 (64.29)	8 (57.14)	3 (21.43)	-3.01 (0.001)	-2.12 (0.017)	-1.17 (0.120)	-0.73 (0.233)
多元化金融	23	12 (52.17)	8 (34.78)	7 (30.43)	3 (13.04)	18	12 (66.67)	8 (44.44)	5 (27.78)	1 (5.56)	-0.93 (0.175)	-0.63 (0.265)	0.19 (0.426)	0.80 (0.211)
半导体与半导体设备	4	2 (50.00)	1 (25.00)	1 (25.00)	0 (0.00)	16	9 (56.25)	5 (31.25)	5 (31.25)	1 (6.25)	-0.22 (0.411)	-0.24 (0.404)	-0.24 (0.404)	-0.51 (0.304)

　　目标范围反映了企业对其价值链上各个公司的减排行动的关注范围。范围 1 温室气体排放指企业自身所控或所有资源直接产生的所有温室气体排放；范围 2 温室气体排放是由企业消耗或者购买的发电、发热、蒸汽产生的非直接温室气体排放；范围 3 温室气体排放指的是公司上下游供应链产生的非直接温室气体排放。表 2 - 3 显示的是各个行业目标范围的分布情况，按照欧盟各行业范围 1 目标采用率由高到低的顺序排列。整体上看，大部分行业的范围 1 目标和范围 2 目标的采用率相差不大。范围 3 目标则较为少见，仅被全部 989 家企业中的 250 家所采用。正如文献中所指出的，[51] "范围 3 温室气体排放的重要性众所周知，但这一范围温室气体排放却很少被列入评估范围，这是由于人们对此了解不够，且现行碳排放协议中极度缺乏对范围 3 排放进行监控的动力和技术能力"。另外，范围 3 温室气体排放不受任何碳总量管制及交易体系等直接监管措施控制，因此企业也缺乏控制该范围 3 温室气体排放的动机。

　　值得注意的是，尽管欧盟和美国涵盖范围 1 和范围 2 温室气体排放的部分目标相差不大，但欧盟具有范围 3 温室气体排放相关目标的企业百分比（30.77%）几乎是美国的 2 倍（16.88%），且两者差异很大（p < 0.001）。研究结果表明，美国零售业在处理供应链温室气体排放方面落后于英国同行。[52] 我们这一研究结果不仅与文献一致，[52] 而且对其作出了重要的补充，将研究领域从零售业扩展到各个行业。在表 2 - 3 中，欧盟企业的范围 3 目标采用率普遍高于美国企业，但有两个行业除外（汽车零部件行业和食品、饮料与烟草行业）。当然，在这两个行业，美国和欧盟的范围 3 目标普及率差异很小。总体而言，欧盟企业的范围 3 目标的采用率较高，这说明欧盟企业对于供应链中企业本身之外的碳减排问题持更为积极的立场。

　　欧盟公共事业行业范围 1 目标的采用率（94.12%）远高于美国

（66.67%）。这一结果则不足为奇，因为欧盟公共事业通常受欧盟温室气体排放交易系统管制，[50]而美国并不存在类似的国家级碳排放管制及交易体系，其现行的碳排放交易系统（如美国东北部的区域温室气体行动计划）仅限于特定的地区。在耐用消费品及服装行业，欧盟企业的范围1和范围2目标采用情况落后于美国。整体来看，范围2目标采用率高于范围1的行业有：媒体、零售业、银行、多元化金融、保险、房地产、软件服务、技术硬件与设备。这些行业通过电力消耗产生的范围2温室气体排放总量高于其自身活动直接产生的范围1温室气体排放。比如，硬件生产商思科公司称其范围2温室气体排放总量通常是范围1温室气体排放的十多倍。[53]因此，设定范围2排放目标是这些企业自然的选择。

表2-4显示的是目标严苛度分布情况，包括25%百分位数、50%百分位数、75%百分位数、平均数、标准差和差异测试等方面。在统计数据时，我们将未设定目标的企业也包括在内，并设置其严苛度为0。欧盟企业整体平均减排量是参考年份排放量的13.54%。欧盟企业减排量的中位数仅为6.00%，远低于平均减排量。随着目标严苛度由25%加大到75%，减排量自0.50%增加到了18.97%。研究所覆盖的24个行业中，消费者服务、商业和专业服务、多元化金融这三个行业的平均减排量最低；家居及个人用品、食品和日用品零售业、电信服务这三个行业的平均减排量最高。欧盟企业设定的平均目标严苛度（13.54%的减排量）略高于美国企业（12.75%的减排量），且两者差异不大。无一例外，每个区域和行业的平均值总要高于中间值。因此，目标严苛度是左偏态分布的（left skewed）。

我们还发现，美国能源行业的目标严苛度水平远低于欧洲，且t检验及Wilcoxon秩和检验结果都显示双方差异是显著的（$p < 0.05$）。这一行业主要涵盖的是雪佛龙（Chevron）、壳牌（Royal Dutch Shell）、英国石油

公司（BP）等大型石油和天然气公司。欧盟和美国能源行业目标严苛度的巨大反差说明两个区域的能源企业在应对气候变化方面采取的策略大不相同。先前文献显示，欧盟的石油和天然气公司采取的政策更为积极主动，而美国企业采取的策略则更多为被动反应。[54]欧盟采取的积极政策或许可以促使他们设定更加进取的目标。石油和天然气企业的气候策略差异或可归因于政治、监管及社会背景。[54]欧盟建材行业的减排目标严苛度也显著高于美国（p < 0.01）。欧盟交通行业的平均目标严苛度为 14.18%，几乎是美国的三倍。欧盟建材行业及部分交通行业（例如航空业）受欧盟温室气体排放交易系统管控。美国消费者服务行业的目标严苛度远超欧盟（p < 0.01）。这一行业主要包括酒店及餐饮公司，其温室气体来源主要是建筑排放。

　　目标的效果取决于其完成的程度。表 2 - 5 显示的是目标完成度分配情况（分别为 25%、50%、75%、平均值、目标完成度大于 1 的企业数量百分比），t 检验、Wilcoxon 秩和检验及双比例 z 检验针对欧盟和美国目标差异的测试结果。这些领域是按照欧盟企业平均完成度由高到低的顺序挑选出来的。为计算目标完成度，我们重点关注已经设定目标的企业。整体上看来，样本中的企业在实现目标方面已取得了可喜的进展，欧盟及美国的平均完成度分别为 1.16 和 1.22，都大于 1。两个区域的整体完成比例十分接近，欧盟按时完成目标的企业比例为 71.05%，美国按时完成目标的企业比例为 72.12%。另外，所有检验结果均显示欧盟和美国在目标完成度方面的整体差异不显著。

表2-3 各行业目标范围

	欧盟:数量(百分比%)				美国:数量(百分比%)				双比例 z-检验:z-统计量(p值)		
	总量	范围1	范围2	范围3	总量	范围1	范围2	范围3	范围1	范围2	范围3
家庭与个人用品	6	6(100.00)	6(100.00)	2(33.33)	8	8(100.00)	7(87.50)	1(12.50)	0.00(0.500)	0.90(0.184)	0.94(0.174)
食品与主要用品零售	12	12(100.00)	12(100.00)	6(50.00)	8	3(37.50)	3(37.50)	3(37.50)	3.16(0.001)	3.16(0.001)	0.55(0.291)
公用事业	34	32(94.12)	18(52.94)	13(38.24)	27	18(66.67)	10(37.04)	9(33.33)	2.77(0.003)	1.24(0.108)	0.40(0.346)
食品,饮料与烟草	21	18(85.71)	18(85.71)	4(19.05)	24	23(95.83)	23(95.83)	5(20.83)	-1.19(0.117)	-1.19(0.117)	-0.15(0.441)
原材料	58	48(82.76)	37(63.79)	7(12.07)	29	20(68.97)	19(65.52)	1(3.45)	1.47(0.071)	-0.16(0.437)	1.31(0.095)
交通运输	32	26(81.25)	21(65.63)	6(18.75)	14	11(78.57)	6(42.86)	1(7.14)	0.21(0.417)	1.44(0.075)	1.01(0.157)
零售业	14	11(78.57)	13(92.86)	6(42.86)	22	14(63.64)	15(68.18)	2(9.09)	0.95(0.171)	1.74(0.041)	2.38(0.009)
电信业务	21	16(76.19)	16(76.19)	9(42.86)	6	5(83.33)	4(66.67)	1(16.67)	-0.37(0.355)	0.47(0.319)	1.17(0.121)
保险	33	25(75.76)	26(78.79)	17(51.52)	15	8(53.33)	11(73.33)	3(20.00)	1.55(0.060)	0.42(0.338)	2.05(0.020)
银行	37	27(72.97)	30(81.08)	17(45.95)	10	7(70.00)	7(70.00)	1(10.00)	0.19(0.426)	0.76(0.224)	2.07(0.019)
资本货物	91	66(72.53)	64(70.33)	24(26.37)	33	24(72.73)	24(72.73)	6(18.18)	-0.02(0.491)	-0.26(0.397)	0.94(0.173)
消费者服务	18	13(72.22)	12(66.67)	4(22.22)	11	9(81.82)	9(81.82)	2(18.18)	-0.59(0.279)	-0.89(0.188)	0.26(0.397)
汽车与汽车零配件	16	11(68.75)	11(68.75)	6(37.50)	7	6(85.71)	6(85.71)	3(42.86)	-0.85(0.197)	-0.85(0.197)	-0.24(0.404)

续表

	欧盟:数量(百分比%)				美国:数量(百分比%)				双比例 z - 检验:z - 统计量(p 值)		
	总量	范围 1	范围 2	范围 3	总量	范围 1	范围 2	范围 3	范围 1	范围 2	范围 3
商业服务与供应品	25	17(68.00)	17(68.00)	8(32.00)	14	10(71.43)	11(78.57)	3(21.43)	-0.22(0.412)	-0.70(0.241)	0.70(0.241)
医疗保健设备与服务	11	7(63.64)	7(63.64)	2(18.18)	15	10(66.67)	10(66.67)	2(13.33)	-0.16(0.436)	-0.16(0.436)	0.34(0.367)
能源	22	14(63.64)	6(27.27)	4(18.18)	16	10(62.50)	6(37.50)	1(6.25)	0.07(0.471)	-0.67(0.252)	1.07(0.141)
制药与生物科技	16	10(62.50)	10(62.50)	4(25.00)	15	13(86.67)	13(86.67)	2(13.33)	-1.54(0.062)	-1.54(0.062)	0.82(0.206)
房地产	26	16(61.54)	20(76.92)	5(19.23)	7	5(71.43)	6(85.71)	1(14.29)	-0.48(0.315)	-0.51(0.307)	0.30(0.382)
媒体	25	15(60.00)	17(68.00)	10(40.00)	8	4(50.00)	5(62.50)	2(25.00)	0.50(0.309)	0.29(0.387)	0.77(0.221)
技术硬件与设备	14	8(57.14)	9(64.29)	6(42.86)	32	17(53.13)	20(62.50)	5(15.63)	0.25(0.401)	0.12(0.454)	1.99(0.023)
软件与服务	15	8(53.33)	10(66.67)	8(53.33)	22	9(40.91)	11(50.00)	4(18.18)	0.74(0.228)	1.00(0.158)	2.24(0.012)
耐用消费品与服装	24	12(50.00)	12(50.00)	7(29.17)	14	14(100.00)	14(100.00)	2(14.29)	-3.20(0.001)	-3.20(0.001)	1.04(0.149)
半导体与半导体设备	4	2(50.00)	2(50.00)	2(50.00)	16	8(50.00)	8(50.00)	2(12.50)	0.00(0.500)	0.00(0.500)	1.68(0.047)
多元化金融	23	11(47.83)	12(52.17)	7(30.43)	18	11(61.11)	12(66.67)	4(22.22)	-0.85(0.199)	-0.93(0.175)	0.59(0.278)
总体	598	431(72.07)	406(67.89)	184(30.77)	391	267(68.29)	260(66.50)	66(16.88)	1.28(0.101)	0.46(0.323)	4.91(0.000)

表2-4 各行业目标严苛度

	欧盟						美国						对差别的统计检验	
	数量	25百分位数	中位数	75百分位数	平均值	标准差	数量	25百分位数	中位数	75百分位数	平均值	标准差	t-检验	Wilcoxon秩和检验
家庭与个人用品	6	11.06	19.30	50.00	27.01	21.97	8	14.00	18.00	20.00	19.17	13.45	1.43(0.180)	0.22(0.825)
食品与主要用品零售	12	2.94	18.00	30.00	23.68	25.50	8	0.00	15.00	24.20	23.38	35.22	0.03(0.976)	1.17(0.241)
电信业务	21	3.38	13.94	25.00	22.29	27.24	6	5.31	10.00	17.50	18.15	22.08	0.56(0.579)	0.35(0.724)
零售业	14	5.00	15.00	25.00	20.56	23.34	22	0.00	12.98	20.00	21.19	29.50	-0.09(0.931)	0.67(0.504)
媒体	25	0.03	8.00	22.50	20.07	29.24	8	2.50	10.00	15.00	12.42	13.52	0.87(0.388)	0.18(0.857)
食品,饮料与烟草	21	5.61	12.50	30.00	19.79	19.63	24	5.30	10.00	20.00	15.38	18.32	1.00(0.322)	0.94(0.346)
银行	37	1.44	5.62	24.88	17.17	22.78	10	0.00	17.41	25.00	15.48	12.79	0.23(0.820)	-0.15(0.880)
原材料	58	1.42	10.00	25.00	16.84	20.48	29	0.11	3.08	17.00	11.19	20.62	3.05(0.003)	2.77(0.006)
技术硬件与设备	14	5.00	7.75	29.40	15.63	18.37	32	0.50	7.00	19.00	12.47	15.66	0.78(0.440)	0.64(0.523)
能源	22	0.21	8.40	14.88	15.56	23.44	16	0.00	0.56	5.30	3.21	4.96	2.54(0.014)	2.04(0.042)
保险	33	1.80	5.00	15.00	14.80	24.33	15	0.03	1.50	10.00	6.64	9.28	1.53(0.128)	1.67(0.095)
制药与生物科技	16	0.14	5.00	20.80	14.48	20.90	15	5.00	10.40	15.96	10.36	7.26	0.76(0.451)	-0.05(0.962)
交通运输	32	0.13	4.63	20.48	14.18	19.13	14	1.69	5.00	8.78	5.46	4.37	1.75(0.085)	0.84(0.401)

续表

行业	欧盟						美国						对差别的统计检验	
	数量	25百分位数	中位数	75百分位数	平均值	标准差	数量	25百分位数	中位数	75百分位数	平均值	标准差	t-检验	Wilcoxon秩和检验
软件与服务	15	0.50	6.71	20.00	13.37	15.82	22	0.00	5.00	35.00	16.05	20.59	-0.35(0.729)	0.29(0.775)
公用事业	34	0.24	4.45	17.13	12.38	19.49	27	0.00	2.85	16.75	13.70	23.21	-0.35(0.727)	0.94(0.349)
资本货物	91	0.46	5.00	15.00	10.85	15.79	33	0.59	10.00	24.81	12.85	12.75	-0.42(0.679)	-0.83(0.404)
耐用消费品与服装	24	0.00	5.85	18.75	10.21	11.49	14	3.01	6.50	14.55	10.03	11.26	-0.39(0.696)	-0.64(0.523)
医疗保健设备与服务	11	0.00	5.40	12.00	9.84	12.50	15	0.00	10.00	26.00	12.95	14.26	-1.06(0.298)	-0.78(0.433)
半导体与半导体设备	4	0.00	4.00	18.75	9.80	12.85	16	0.00	0.15	5.00	3.61	6.76	1.57(0.129)	0.61(0.539)
房地产	26	0.75	5.00	10.00	9.49	16.92	7	0.29	12.00	35.00	24.67	36.25	-1.78(0.082)	-0.87(0.383)
汽车与汽车零配件	16	0.94	7.00	15.00	8.98	9.14	7	1.00	15.00	27.00	14.49	12.01	-1.82(0.074)	-1.52(0.129)
多元化金融	23	0.00	2.94	14.06	6.54	8.52	18	0.44	6.73	11.54	12.11	21.64	-1.44(0.155)	-0.90(0.367)
商业服务与供应品	25	0.47	2.75	10.00	6.54	8.93	14	3.60	8.00	11.10	9.30	8.16	-1.38(0.173)	-1.88(0.059)
消费者服务	18	0.03	0.49	5.40	6.06	10.93	11	4.09	14.40	22.81	16.78	16.60	-3.20(0.002)	-3.40(0.001)
总体	598	0.50	6.00	18.97	13.54	19.41	391	0.13	7.00	18.67	12.75	18.23	1.25(0.213)	0.74(0.457)

注：对差别的统计检验显示的是统计量和 p 值（括号内为 p 值）。

33

美国的 24 个行业中有 23 个行业的目标完成度中位数大于 1，这意味着在这些行业中有超过一半的企业目标完成的速度超出既定速度。美国的耐用消费品及服装行业、媒体行业及房地产行业的目标完成度超过 1，这意味着这三个行业如果保持当前减排节奏就能够实现目标。欧盟的 24 个行业中有 19 个目标完成度中位数超过 1。同样值得注意的是能源行业的情况，欧盟这一行业的平均目标完成度仅为 0.80，是欧盟各个行业中最低水平，美国能源行业的平均目标完成度为 0.91。半导体及半导体设备行业的进展也不理想，欧盟和美国该行业的目标完成度中位数分别为 0.86 和 0.65。根据 t 检验及 Wilcoxon 秩和检验对欧盟和美国的行业对比发现，除多元化金融行业外，两个区域大部分无显著差异（$p < 0.05$）。根据双比例 z 检验结果，我们发现在取得理想目标进展的公司数量方面，美国超过欧盟（$p < 0.05$）的行业有：能源、建材、生产资料、交通、耐用消费品及服装、媒体、房地产、公共事业行业。必须强调的是，尽管美国的能源和建材两个行业的目标严苛度低于欧盟，但其目标完成情况要比欧盟更乐观。

以上温室气体排放目标分析表明，不同的区域及行业在目标设定方面应该有不同的优先要解决的问题。在以下部分，我们重点讨论美国和欧盟以及各行业的最为棘手和紧迫的问题。为方便展示，我们在图 2 - 2 中总结了两个区域主要目标特点的整体情况。

如表 2 - 1 所示，欧盟和美国企业在采用减排目标方面总体不相上下，且双方目标采用率较先前调查结果相比均有显著提升。[14] 然而，考虑到样本中接近 25% 的企业还没有设置排放目标，则说明还有很大的进步空间。为了进一步提高各行业排放目标的普及率，美国和欧盟的政策制定者可考虑采取措施来提升企业设定目标的透明度和公开度。透明度和公开度能够提升企业之间的竞争压力，也可加强公众对企业社会责任的监管力度。我们发现，尽管两个区域的企业一直向碳排放信息披露项目作出报告，但不会主动通过年度报告或官方网站等其他渠道披露各自的气候政策。为鼓励企业披露信息和实现目标，政策制定者或可仿照美国环保署的气候领袖计划，设立自主计划及奖励措施，对气候变化减排方面的优秀企业给予认可。已有文献显示，参与特定的自愿计划可促进环保成效的显著提升。[55]另外，有争论称自主计划旨在发展具备力争获得环保声誉且保证自身与竞争者有不同作为的机制的企业，因此企业有参与计划的动机。[6]根据先前的经验及文献，我们预计企业层面的气候变化成效可通过引入合理的自愿计划得到提升。另外，我们认识到自愿计划等软性措施存在局限性，因此或可考虑采用具有硬性法律约束力条款的方法。比如，政策制定者可借助强制性碳排放报告规定，加强企业正规文件中的气候变化相关风险及目标信息的披露。据我们所知，我们的调查样本中还没有任何一个国家有强制气候信息披露的规定。

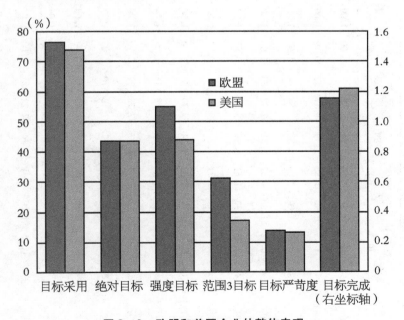

图 2 - 2　欧盟和美国企业的整体表现

表 2-5　各行业目标完成度

行业	欧盟						美国						对差别的统计检验		
	数量	25百分位数	中位数	75百分位数	平均值	完成百分比	数量	25百分位数	中位数	75百分位数	平均值	完成百分比	t-检验	Wilcoxon秩和检验	双比例z-检验
电信业务	21	0.83	1.38	1.96	1.54	71.43	6	0.00	1.00	1.07	0.80	60.00	1.64(0.110)	1.75(0.081)	0.67(0.252)
制药与生物科技	16	1.09	1.46	1.85	1.35	79.17	15	0.79	1.00	1.33	1.00	57.14	1.73(0.093)	1.89(0.058)	1.44(0.074)
媒体	25	0.90	1.00	2.00	1.32	61.54	8	1.00	1.28	1.75	1.60	100.00	-0.89(0.379)	-1.48(0.138)	-2.20(0.014)
资本货物	91	0.72	1.00	1.52	1.31	67.72	33	1.00	1.00	1.46	1.30	86.96	0.03(0.978)	-1.50(0.135)	-1.86(0.031)
零售业	14	0.95	1.17	1.61	1.29	75.00	22	0.87	1.27	2.13	1.50	76.47	-0.65(0.522)	-0.33(0.740)	-0.11(0.457)
家庭与个人用品	6	0.94	1.11	1.71	1.27	80.00	8	0.77	1.67	1.75	1.25	80.00	0.04(0.967)	0.00(1.000)	0.00(0.500)
汽车与汽车零配件	16	0.88	1.29	1.67	1.24	69.70	7	1.00	1.04	1.23	1.13	87.50	0.42(0.677)	0.56(0.573)	-1.02(0.154)
医疗保健设备与服务	11	0.87	1.00	1.44	1.18	77.78	15	1.00	1.04	1.49	1.62	80.00	-0.65(0.524)	-0.08(0.934)	-0.12(0.453)
软件与服务	15	1.00	1.17	1.49	1.17	77.78	22	0.70	1.00	1.70	1.12	62.50	0.19(0.847)	0.31(0.758)	0.81(0.209)
银行	37	1.00	1.00	1.49	1.17	81.13	10	1.00	1.37	1.93	1.77	85.71	-1.94(0.057)	-1.20(0.228)	-0.29(0.384)
半导体与半导体设备	4	0.36	0.86	2.03	1.16	33.33	16	0.00	1.00	1.00	0.65	60.00	1.21(0.243)	0.50(0.616)	-0.85(0.198)
交通运输	32	0.47	0.99	1.34	1.15	49.09	14	1.00	1.04	1.45	1.32	90.91	-0.41(0.685)	-1.61(0.108)	-2.55(0.005)
公用事业	34	0.75	1.00	1.41	1.14	62.22	27	1.00	1.00	1.48	1.25	83.87	-0.58(0.560)	-1.14(0.253)	-2.22(0.013)
原材料	58	0.64	1.00	1.41	1.07	58.06	29	1.00	1.00	1.32	1.10	79.31	-0.20(0.838)	-0.70(0.482)	-1.98(0.024)

续表

行业	欧盟						美国						对差别的统计检验		
	数量	25百分位数	中位数	75百分位数	平均值	完成百分比	数量	25百分位数	中位数	75百分位数	平均值	完成百分比	t-检验	Wilcoxon秩和检验	双比例 z-检验
食品、饮料与烟草	21	0.62	1.08	1.59	1.06	68.18	24	0.64	1.00	1.62	1.12	60.61	-0.28(0.780)	-0.03(0.979)	0.57(0.284)
多元化金融	23	0.99	1.00	1.00	1.06	74.07	18	1.00	1.25	2.00	1.46	85.71	-1.35(0.185)	-2.36(0.018)	-0.85(0.197)
保险	33	0.97	1.00	1.30	1.05	74.47	15	1.00	1.00	1.00	1.27	90.91	-1.26(0.213)	-0.32(0.752)	-1.18(0.120)
耐用消费品与服装	24	0.44	0.98	1.27	1.04	50.00	14	1.00	1.05	1.05	1.07	100.00	-0.09(0.933)	-1.39(0.163)	-2.78(0.003)
房地产	26	0.00	0.90	1.16	1.03	45.45	7	1.15	2.20	2.46	1.94	100.00	-1.62(0.118)	-1.87(0.061)	-2.22(0.013)
技术硬件与设备	14	0.30	1.00	1.48	0.99	66.67	32	0.76	1.00	1.00	1.02	67.86	-0.18(0.854)	0.40(0.686)	-0.08(0.467)
商业服务与供应品	25	0.66	1.00	1.00	0.96	64.29	14	1.00	1.00	1.91	1.54	81.25	-1.87(0.068)	-1.77(0.077)	-1.19(0.118)
消费者服务	18	0.67	1.00	1.30	0.91	64.29	11	0.73	0.99	1.49	1.39	46.15	-1.31(0.203)	-0.34(0.733)	0.95(0.172)
食品与主要用品零售	12	0.00	1.00	1.41	0.91	52.63	8	0.75	1.07	1.63	1.31	62.50	-1.21(0.238)	-0.83(0.408)	-0.47(0.319)
能源	22	0.65	0.92	1.02	0.80	50.00	16	0.99	1.00	1.00	0.91	76.47	-1.10(0.280)	-0.61(0.542)	-1.65(0.049)
总体	598	0.72	1.00	1.49	1.16	71.05	391	1.00	1.00	1.49	1.22	72.12	-0.76(0.448)	-0.96(0.336)	-0.57(0.286)

注:"完成百分比"一栏表示目标完成度不低于 1 的企业百分比。对差别的统计检验显示的是统计量和 p 值(括号内为 p 值)。双比例 z 检验对两栏"完成百分比"进行了比较。

　　分析结果说明，涵盖范围1和范围2排放的目标要比范围3更为普遍。对于欧盟和美国的企业来说，尤其是美国企业，增加目标设定中对范围3温室气体排放的覆盖是至关重要的。这主要有三个方面的原因。第一，范围3温室气体排放是一个行业碳足迹的重要组成部分（有研究表明范围3排放在全供应链排放中占比超过75%[51]）。第二，如果能让企业对其自身法律界限外的温室气体排放负责，则有机会影响供应链上下游其他企业的减排行动，通过协同作用共同促进减排。第三，一家企业供应链上下游的温室气体排放在很大程度上也与该企业的决策密切相关，因此企业自然应该对这些温室气体排放承担至少部分责任[56]。尽管先前的研究强调了范围3温室气体排放的重要性[57]，但是在现实中要控制范围3排放还存在很多困难。其中最显著的障碍是应该如何对范围3温室气体排放进行测算[51]。由于一家企业的供应链上下游的商业行为并不直接受该企业监控，企业也很难精准地把握上下游公司的排放量。近期，为了便于估测供应链中的温室气体排放数量，一些国际机构也提出了具有可实施性的方案，如温室气体议定书组织（GHG Protocol）提出的"企业价值链标准"等。企业管理者可以这些方案为依据测算其供应链碳排放。

　　如果企业的目标严苛度和目标完成度未能达到合理水平，则该目标对于碳减排是无效的。总体来说，欧盟和美国企业在目标严苛度和目标完成度方面没有明显差异。对于欧盟和美国的政策制定者来说，当务之急应该是关注关键领域减排目标的严苛度和完成度。美国的能源和材料行业应提高目标严苛度，加大减排力度。根据已有研究，加大这两个污染行业的目标严苛度可提升现实中的减排幅度。[24]分析也表明，欧盟和美国的能源及材料行业在目标完成度方面的进展并不理想。考虑到这两个行业温室气体排放量较大，欧盟和美国政策制定者必须敦促这两个行业采取措施并按计划完成目标。某一政策工具是否合理部分取决于其是否能在不威胁或干预自愿目标设定的前提下向企业施压，督促其实现既定目标。政策制定者或可通过为这两个行业专门制定规则的方式来实现此目标。比如，能源行业主要由石油和天然气公司构成，主要在开采、钻井、输送、加工及分送过程中排放温室气体。美国现行的环保署温室气体报告项目是针对每年碳排放量超过 25000 吨的企业设定的一项强制性排放报告要求，覆盖了很多大型石油和天然气生产设施。然而，目前该行业领域还不存在直接控制排放量的规章制度，且制定和实施这样的规章制度存在很多现实的困难。因此，我们只能诉诸报告的软性方法。我们建议政策制定者加强强制报告计划的效力，要求企业报告其目标及企业排放数据。报告目标可以把排放数据置于企业气候政策的背景之下。另外，强制报告也能帮助监管者和公众更清楚地了解企业是否已经兑现其诺言。由于公开信息会使其声誉面临风险，企业会更加努力地实现其目标。

一个很重要的问题是，更严苛的目标是否能导致更高的目标完成度。我们发现，所有样本结果都显示目标严苛度和目标完成度之间有着正向且显著的联系（$p < 0.01$）。这一结果同已有研究成果基本一致[58]，均发现目标严苛度与目标完成度之间有正向联系。如文献中所讨论的，这一关联的产生原因可能是高难度目标可以激励企业采用更多的减排计划，并且会促使企业在处理气候变化问题方面投入更多资源[58]。目标严苛度与目标完成度之间的正向联系表明，从减排角度来看，高难度目标不可能导致适得其反的效果，所以政策制定者总体上应鼓励企业管理者设置更有难度的目标。

尽管本研究重点关注的是目标设定的跨国和跨行业差异，但也必须对同行业中企业的目标设定活动进行一定的分析。以欧盟的半导体和半导体设备行业为例，行业内四家企业设定的目标如表 2 - 6 所示。显而易见，ARM 公司（ARM Holdings）在采用排放目标方面表现得最为积极。同时，各个企业的目标设定政策存在很大的差异。很多其他行业的目标也存在类似差异情况。同行业内不同企业目标设定的差异通常可以联系到企业自身特征的差异，如企业组织结构、财务杠杆、气候变化管理态度等。[6,59,60]这是一个未来可以深入研究的话题。

表 2 - 6　欧盟半导体企业设定排放目标情况

公司名	目标采用	目标度量	目标范围	目标严苛度	目标完成度
AMS AG	否				
AIXTRON SE	否				
Dialog Semiconductor	是	绝对目标	范围 1 + 2 + 3	20%	20%
ARM Holdings	是	强度目标	范围 1 + 2 + 3	30%	85.67%

2.2.3 讨论与总结

企业设定温室气体排放目标的自主行为是全球应对气候变化事业至关重要的组成部分。实际上，目标设定通常是实施其他温室气体减排行动的前提条件。在本研究中，我们以欧盟和美国 989 家大型企业为分析样本，考察了企业层面温室气体减排目标的使用情况。调查结果主要涉及目标设定的五个方面，分别是目标采用、目标度量（绝对目标和强度目标）、目标范围（范围 1、范围 2、范围 3）、目标严苛度和目标完成度。我们针对每一个方面开展了跨国和跨行业对比，从而揭示了不同区域和行业所特有的目标设定模式。

我们发现，尽管排放目标的采用率相比 21 世纪初有较大提升，但欧盟和美国企业中仍有 25% 还未设定排放目标。同时，欧盟企业的范围 3 温室气体排放目标的覆盖范围远大于美国。这说明欧盟企业更为积极地将供应链上下游温室气体排放纳入其自身气候变化策略的考虑因素。整体看来，欧盟和美国企业在目标严苛度和目标完成度方面的差异相对较小。在被调查的 24 个行业当中，美国公共事业行业的目标采用率远远落后于欧盟，欧盟能源和建材行业的目标严苛度远高于美国同行业水平。美国和欧盟的能源行业在实现目标进展方面均未达到理想水平。

上述研究结果揭示了欧盟及美国政策制定者和企业应该关注的关于企业目标设定的一些关键问题。例如，两个区域的政策制定者和企业管理层在普及企业排放目标方面仍有很大进步空间。美国的政策制定者和企业领导者应引导美国企业承担更多的供应链温室气体排放方面的责任。在目标实现方面，美国和欧盟的政策制定者应特别关注能源行业。此外，我们还讨论了解决企业目标设定问题的潜在政策和管理工具。

　　未来可继续推进和展开的研究方向有三个。第一，需要指出的是，企业的目标设定是一个动态的过程。现实中，企业可以修改、撤销或替换既定目标。因此，还可探究企业是如何根据政策、经济和市场条件的变化而逐渐调整目标的。第二，为了更好地了解世界企业减排目标情况，研究中还应包括其他主要温室气体排放国，尤其是中国、俄罗斯和印度。然而，现行碳排放信息披露项目调查涉及的这些国家的企业数量并不像欧盟和美国企业那样多。如果能够获取更多其他主要排放国的数据，则可展开更加全面的研究。第三，本研究提供了目标设定方面区域和行业差异的实例，并对差异进行了初步分析。为挖掘这些差异背后的根本原因，还需进一步展开更为细致的分析。

2.3 发展中国家企业的气候变化目标

　　上节的分析仅限于美国与欧盟。本节将以比较视角研究全球更大范围内不同国家及不同行业的企业设定的温室气体排放目标。我们的分析将主要围绕目标的普及程度展开。具体来讲就是，对于不同国家的企业而言，设定排放目标是一种普遍行为吗？在本研究中我们检验了在一些重要的温室气体排放国家中的 1495 家优秀企业所设定的排放目标。数据由碳排放信息披露项目提供，该项目拥有在全世界范围内主要企业的企业层面气候策略方面最完整的数据库。[61]研究中涉及的国家有主要的发达国家，包括美国、欧盟所有成员国、日本、加拿大和澳大利亚，以及主要的发展中国家，包括巴西、中国、印度、南非和土耳其。样本中的企业通常都属于每一个国家中最重要的龙头企业。

如前所述，在全球应对气候变化的努力中，设定温室气体减排目标是中心议题。在设定国际目标、国家目标以及地方政府温室气体减排目标方面存在大量文献[11]。现有文献主要研究了制定减排目标的方法论、已设立目标的可行性、实现目标的方法以及目标设置对经济和环境的影响。[62-64]一些最近的研究还讨论了特定行业的减排目标。例如，设定行业减排目标对发展中国家的经济有何影响，[65]钢铁行业的减排潜力是否足以支持其在预定期限前完成其自愿设定的目标。[66]然而，我们注意到，既有研究对企业层面的目标设定鲜有涉及。研究企业的减排目标首先要明确目标背后的驱动因素。总体而言，驱动企业设定减排目标的因素有很多。在制度经济学理论的框架下，企业通过达成包括机构与利益相关人在内的社会角色的期待来获得其经营合法性[67]。这种满足社会期待的压力促使企业采用特定的管理实践，比如设定减排目标，来实现企业的社会价值。[68]除了合法性以外，盈利性也是驱动因素之一，因为研究表明设定目标与更好的绩效存在关联。[69]

本节的研究内容和企业应对气候变化所采取措施的文献直接相关。在理论上，应对气候变化的最优解是在全球范围内给碳排放定价。但是现实中由于政治和经济上的约束，给碳排放定价通常都不是一个可行的方法。[3]有鉴于此，企业层面的措施作为人类社会应对气候变化的手段，正逐渐受到越来越多的重视。[14,70]有学者发现来自企业利益相关人的压力可推动企业管理人员更加积极地采取措施限制温室气体排放。[16]许多企业已经采取了多种减排行动，比如报告和检测气候变化绩效，使用绿色产品设计以减少碳足迹，用可再生能源代替传统能源，提高生态效率以节省能源输入。[17,18,71-73]

虽然关于企业应对气候变化方面的研究有很多，但是在文献中，企业温室气体排放的目标设定仍然是鲜有人涉足的研究领域。有学者使用大型跨国企业的样本，发现有一半的企业都设定了目标控制温室气体直接排放，并且目标设定的步骤显示出不同行业的企业存在较大分歧。[14]有学者聚焦于英国的主要零售企业设定的目标，发现这些目标同政策制定者设定的国家目标相一致。[74]有学者比较了美国的零售商与英国的零售商的目标设定情况，发现英国的零售商设定了更加严格的减排目标，并且更倾向于关注在供应链中的温室气体减排问题。[28]有学者聚焦于荷兰的企业，详细分析了在特定能源管理和碳核算方案下的目标设定步骤，他们同时强调了标准的定义，并认为与社会期望一致性的核对也应该包含在目标设定步骤中。[23]

2.3.1 数据与方法

主要分析数据依然取自碳排放信息披露项目。碳排放信息披露项目通过每年的调查，在企业层面气候变化绩效和策略方面建立了世界上最大且最详细的数据库。在其数据库样本中，包含 598 家欧盟企业、391 家美国企业、151 家日本企业、94 家加拿大企业、75 家澳大利亚企业以及 186 家发展中国家企业（71 家南非企业、9 家中国企业、46 家巴西企业、39 家印度企业、21 家土耳其企业）。在此我们用国际货币基金组织的标准区别发达国家与发展中国家。由于每一个发展中国家数据采样规模较小，我们在此分析中将所有发展中国家聚合在一起进行分析。事实上，主要发展中国家在此前的国际峰会上对气候变化采取了类似的立场，这就为将这些国家合为一类提供了合理依据。除了伊朗、俄罗斯和沙特阿拉伯，几乎所有主要排放国都包含在数据样本中。伊朗、俄罗斯和沙特阿拉伯这三个国家因为缺乏数据，所以未能对它们进行分析。另外，根据全球行业分类标准，所有企业可以分为 24 个不同的行业以便于进行跨行业比较分析。

2.3.2 结果与分析

表 2－7 列出了不同国家企业采用排放目标的情况。总体而言，样本

中近 3/4 的企业（1495 家中有 1099 家）已经设定排放目标。这与 21 世纪初 50% 的目标采用率形成对照，显示目标普及率有较大提高。[15] 有 733 家企业也即大约近一半的样本采用强度目标，648 家企业采用绝对目标，有 282 家企业同时采用绝对目标和强度目标。

表 2-7　各国的企业分布、目标采用和目标度量

	企业数量	目标采用		绝对目标		强度目标		绝对和强度目标	
		数量	百分比	数量	百分比	数量	百分比	数量	百分比
欧盟	598	459	76.76%	261	56.86%	328	54.85%	130	21.74%
美国	391	289	73.91%	170	43.48%	171	43.73%	52	13.30%
日本	151	147	97.35%	114	75.50%	96	63.58%	63	41.72%
加拿大	94	45	47.87%	25	26.60%	30	31.91%	10	10.64%
澳大利亚	75	42	56.00%	25	33.33%	29	38.67%	12	16.00%
巴西	46	23	50.00%	14	30.43%	12	26.09%	3	6.52%
中国	9	6	66.67%	2	22.22%	5	55.56%	1	11.11%
印度	39	31	79.49%	4	10.26%	28	71.79%	1	2.56%
南非	71	46	64.79%	27	38.03%	28	39.44%	9	12.68%
土耳其	21	11	52.38%	6	28.57%	6	28.57%	1	4.76%
发展中国家	186	117	62.90%	53	28.49%	79	42.47%	15	8.06%
总体	1495	1099	73.51%	648	43.34%	733	49.03%	282	18.86%

在这些国家中，日本企业的目标采用率最高（97.35%），远高于其他所有国家。在所研究的 24 个行业中，日本企业在 18 个行业的采用率达到 100%，明显高于其他国家。就总体目标采用率而言，欧盟和美国位居第二名和第三名，目标采用率分别为 76.76% 和 73.91%。澳大利亚和加拿大企业的目标采用率显著低于其他发达国家，分别仅有 56.00% 和 47.87% 的企业设有排放目标。发展中国家共有 62.90% 的企业设定排放目标。在发展中国家中，巴西企业的目标采用率最低，为 50%；印度企业的目标采用率高达 79.49%，在所有国家中仅次于日本。

考虑到日本政府因为公平性和效率反对《京都议定书》框架，且企业不受诸如欧盟排放交易系统这类国家温室气体排放法规的约束，日本企

业的高采用率尤为突出。实际上，日本企业向来在环境问题上保持积极应对的态度。例如，日本拥有世界上最多的 ISO14001 认证工厂[75]。国家资源的短缺，政府对清洁发展机制（clean development mechanism，简称 CDM）的关注以及对企业文化精益运营的重视，可能是日本企业高目标采用率背后的重要推力。

令人惊讶的是，就排放目标的普及程度而言，澳大利亚和加拿大这两个发达国家的企业落后于其他国家甚至发展中国家。以下几个因素可能导致这两国企业的目标采用率低。首先，这两个国家以其脆弱且多变的国家气候政策而闻名。[76,77]澳大利亚和加拿大都参与了 2008～2012 年《京都议定书》的第一个承诺期。但是澳大利亚直到 2008 年才通过该条约。加拿大则中途从《京都议定书》签署国减排义务行列中退出，最终于 2012 年完全退出该条约。另外，作为资源驱动型经济体，这两个国家均属于人均温室气体排放量最高的国家，且在支持和阻碍国际气候协议两个极端之间"摇摆不定"[33]。国家层面的减排承诺未能贯行将会引发企业界减排意识薄弱。进一步的分析表明，在这两个国家，原材料行业的目标采用率明显较低，远低于其他国家甚至发展中国家。两国原材料行业的大多数企业都是金属和采矿企业，例如加拿大的 Barrick Gold Corporation 和 Teck Resources，以及澳大利亚的 Alumina 和 Sundance Resources。该行业在两国国民经济中占有相当的份额。虽然矿业企业意识到气候变化的威胁，但由于经济和政策问题，他们对气候变化的应对行动并不是非常积极。[78]

有关目标度量的分析结果也引人深思。我们注意到发展中国家采用强度目标的企业数量（42.47%）要大大高于采用绝对目标的企业数量（28.49%）。这可以解释为强度目标可以更好地适应经济增长，因此对于经济增长速度较快的实体，强度目标的适应性要高于绝对目标。在国家层面，主要的发展中国家更倾向于采用强度目标（例如单位 GDP 的温室气体排放量），以避免气候变化目标妨碍经济增长。[79]中国和印度等代表性发展中国家长期以来都以 GDP 的碳强度来衡量其气候变化的表现。在向

《巴黎协定》提交的"国家自主贡献预案"中，中国和印度也均采用强度指标。在同时使用绝对目标和强度目标的国家中，日本雄踞榜首（41.72%），欧盟则紧随其后（21.74%）。

以上分析也存在一些局限。第一，研究结果基于来自企业提交给碳排放信息披露项目的报告。在任何以调查为基础的研究中，信息的准确性都可能存在问题。尽管碳排放信息披露项目采取了额外的步骤（比如在某些数据上要求企业提交第三方认证）来保证调研结果的真实，但是对调研准确性的疑问并不能够彻底消除。第二，分析的深度可能因数据的局限而有所减弱。部分发展中国家，尤其是中国和印度的数据存在较大局限，只有一小部分企业向碳排放信息披露项目进行报告。因此，基于这一小部分企业的研究结果可能无法完整准确地描绘该国企业界整体的目标设定情况。第三，尽管我们对已经发现差异的不同国家和行业目标设定模式进行了解释，但是仍然需要更进一步以及更缜密的分析以确定造成这些差异的根本原因。

未来的研究有两个可能方向。第一，一个相关的重要问题是这些目标如何转化为减排行动。设定减排目标是应对气候变化的初始步骤。企业需要采取跟进措施来达成这些目标。减排行动是否与目标相匹配是需要仔细分析的关键问题。对于这个问题，需要使用持续较长时间的目标数据和减排行动数据。第二，在当前，温室气体排放目标设定是一项企业自愿采用的减排行动，受到企业所在环境的影响。外部环境的变化，比如主要气候协定的制定、修正或废除，会如何影响企业层面的目标，这也是值得政策制定者和研究者关注的问题。同样，研究这个问题需要较长时间维度上的目标设定数据。

2.4 温室气体排放目标的影响因素

　　剖析企业温室气体排放目标的设立，需要对目标设定背后的影响因素有深入的理解。本节研究的影响因素可分为企业内部因素和外部因素两种。内部因素指企业规模、发展速度、创新能力、资金制约及排放强度等企业自身背负的一些特征；外部因素主要包括来自政府、市场及气候变化的压力。通过本节的研究，我们旨在为企业的目标设定行为提供一个系统、全面、具有对比性的视角。我们的研究对象包括美国标准普尔 500 企业中的部分企业，而研究数据的样本同样由碳排放信息披露项目提供。基于这些数据，我们探究美国大型企业内部排放目标设定的背景情况。考虑到我们所选样本的规模和广度以及样本企业的代表性，我们认为此次研究已经在很大程度上捕获了美国企业目标设定策略的整体情况。先前有大量文献已经研究了企业的一般性环境管理活动（如对能源效率的投资、进行能效审计等）背后的决定因素。然而据我们所知，在此之前还没有关于气候变化减排目标背后决定因素的研究。本节的研究恰好弥补了这一研究空白。

　　我们的研究与大量企业环境及气候变化管理策略方面的文献有密切联系。传统文献强调国家或区域组织在应对气候变化方面的作用，关于企业气候策略方面的探索研究也在与日俱增。先前的文献认为，企业的气候策略将是向低碳未来发展的关键促进因素。[14,15] 更进一步讲，实证结果指出，随着来自利益相关方（如政府、投资人、消费者）的压力不断加大和气候变化相关机遇的不断增多，企业管理者在气候变化减排方面大胆投资的意愿也愈加强烈。[16] 事实上，实证研究显示，企业实际上已采用了一系列气候策略，包括披露碳排放、引入生态设计、使用低碳能源、提高能效等。[17 - 20,80]

尽管关于企业气候策略的研究十分广泛，目标设定这一减排行动的前提还未曾得到足够的关注。然而，近期关于企业排放目标设定的研究数量激增且源源不断，包括目标设定方法的开发、目标设定行为的界定、目标设定的动机分析等等。例如，有学者基于 2002 年碳排放披露数据对大量大型跨国企业的气候策略展开了分析，并发现不同行业企业的目标设定过程有很大的差异，且共有 51% 的调查对象已经设定了减少或稳定直接温室气体排放量的目标。[14] 有学者调查了英国大型超市通过设定企业排放目标来应对气候变化的效力和可靠性，并发现英国大型超市主动设定的目标不仅符合英国政府的目标，还具有很高的可实现性。[21] 有学者对英国和美国具有代表性的零售商的目标设定行为进行了比较，并发现英国企业倾向于设定更为远大的减排目标。[28] 有文献表示，设定企业减排目标是实现国家和全球气候目标的关键步骤，并且提出了设定企业目标的一种方法。[11] 根据碳排放披露数据，有学者发现碳减排目标的完成度受资金报酬激励条款和目标难度的正向影响。[45]

本节中我们将首先总结设定温室气体排放目标背后的影响因素。这些因素既可能是企业内部的也可能是企业外部的。内部因素包括企业规模、业绩增长、创新度、资金制约及排放强度；外部因素包括来自政府、市场及实际气候变化的压力。下面我们将描述这些因素的定义及将这些因素列入本研究的原因。

2.4.1 影响目标设定的内部因素

企业规模：各类研究表明，规模越大的企业采取环境管理措施的可能性就越大，如获取 ISO14001 认证和采用末端污染控制技术等。[75] 企业规模和环保积极性之间的正相关联系可以归结到很多原因上。研究发现规模较大的企业可能得益于经济的规模效应，使得它们更有能力在环保实践当中投入资源。[75] 有学者认为，规模较大的企业在社会和公众中具有更高的知名度，因此需要承受来自管理部门及公众的更大压力，进而不得不遵守某些更严格的环保标准。[81]也有观点认为，企业规模和环保举措之间联系是正相关还是负相关取决于正在实施的特定环保措施的类型，即大型企业可能会以更有效的方式采取污染控制及生态绩效措施，而小型企业在破坏性环保创新措施方面更具灵活性。[82]据我们所了解，还没有任何文献涉及企业规模和温室气体排放目标之间的关系。

业绩增长：有学者认为高增长行业企业受益于环保措施的可能性比低增长行业企业更大，这是因为高增长意味着利润前景较好且承受环保措施风险的能力更强。[83]由此我们推测，具有高增长潜力的企业采用温室气体排放目标的可能性更大。同时，关于如何设定国家层面的排放目标以适应国家经济增长的讨论十分热烈。强度目标被普遍认为能够平衡环保目标和国家经济发展，且灵活度要高于绝对目标，这是因为强度目标不会像绝对目标那样限制排放总量。[26]同样的逻辑也适合于企业目标，强度目标取决于某家企业的产出单元，而企业的产出反过来可以反映出该企业的增长速率，所以强度目标或许能平衡企业的环保目标和企业发展速度。因此，增长率较高的企业可能会更倾向于强度目标。

创新度：长期以来，一直有争议认为研发能力较强的企业更可能受益于环保措施，尤其是旨在提高生态绩效的措施。[6,59]这是因为，研发能力较强的企业通常创新力也更强，这样的企业更擅长采用过程和产品创新的方法降低单位能耗和物资投入量，从而收获环境方面与经济方面的双重回报。因此，创新可能对于目标采用具有正相关关系。

资金制约：环保行动方面的投资同其他类型的投资一样，都在不同程度上受到企业财务状况影响。面临较大资金制约的企业或许不能在气候策略方面分配足够的资源，因此很可能首先回避采用排放目标。

排放强度：与排放强度较小的企业相比，排放强度较大的企业很可能要面临来自监管部门和消费者等利益相关方的更大的减排压力。因此，高排放强度企业采用减排目标的积极性或许更高。

2.4.2 目标设定的外部因素

政府压力：长期以来，一种观点认为政府压力是企业采取环保行动背后的关键驱动因素。[6]政府压力通常表现为现有的或潜在会出台的各种法规和政策。在美国，通过管制措施限制温室气体排放多年以来一直是一个充满争议的话题。尽管现在还不存在具有法律约束力的国家目标，但区域性的政策法规已经出现，且其涵盖范围在不断拓展（区域气候变化倡议、加利福尼亚碳交易系统）。

市场压力：决定企业采取减排行动的另一种重要驱动因素是来自市场的压力。[6]市场因素包括消费者眼中的企业声誉和不断变化的消费者行为。有环保意识的消费者越来越不愿意购买在气候变化方面形象较差的企业的产品和服务。

气候压力：气候压力指的是气候变化在实质的商业运营中给企业带来的压力。相关的实质影响包括平均温度和极端温度的变化、降水分布变化、海平面上升、热带气旋活动增加等。气候变化的这些实际现象或直接或间接影响企业业务运营。比如，可口可乐企业曾声明，干旱等气候变化现象严重威胁企业的运营情况和经济底线。为此，企业已经开始逐步用可再生能源卡车代替柴油车，提高制造过程的能效，并重新设计产品以减少碳足迹。

2.4.3 数据和变量

这部分描述目标设定的数据来源，及根据数据构建相关变量的方法。本研究使用的数据来自碳排放信息披露数据库及 COMPUSTAT 数据库。碳排放信息披露数据曾被运用于多项研究。[14,84]企业的特征数据则来自 COMPUSTAT 数据库。COMPUSTAT 数据库提供北美地区上市公司历史上的季度和年度财务报表数据。

我们从 2013 年碳排放信息披露数据库调查中收集企业排放目标相关的数据。碳排放信息披露数据库调查询问一家企业在报告年份是否具有正在实施的或已经完成的排放目标。这个问题的"是/否"选项为"目标采用"提供了一个二元 0 - 1 的变量。接着，若该企业有目标度量，则需要具体说明相关情况。我们可以通过这些答案得出目标度量变量。

我们用碳排放信息披露数据库中一批问题的答案构建了政府压力、市场压力、气候压力这三个代表外部因素的变量。首先，碳排放信息披露数据库要求调查对象报告对一大批政策监管工具的评估情况，包括国际协议、空气污染限制、温室气体排放税、碳交易系统、温室气体排放报告、燃料/能源税、产品能效标准等七种政策工具。针对每一种政策工具，碳排放信息披露数据库要求各企业报告其对企业运营的影响程度，由低到高共分为五个层次。我们对影响程度进行量化，设置最低程度值为 1，最高程度值为 5，中间值依次排列。接着，我们将所有种类监管工具的影响程度求平均值，作为衡量政府压力的指标，即政策对企业运营的影响程度越高，企业所承受的政府压力就越大。市场压力和气候压力两个变量也可按相似的方法构建。

我们在 COMPUSTAT 数据库中收集相关企业的特征数据。我们用总资产（COMPUSTAT 数据库中的项目 6）的自然对数作为衡量企业规模的指标。企业自目标建立之日起三年内的平均销售（项目 12）的增长率代表企业增长。企业的资本制约由其债务情况衡量，即长期负债（项目 9）和其总资产的比率。我们利用研发强度，即研发支出（项目 46）和销售量之间的比率，来代表企业的创新能力。根据以往研究的惯例，我们将 COMPUSTAT 数据库中缺失的研发支出设置为零。排放强度指的是总排放量与企业销售量之间的比率。

为了模型估计更加准确，我们需要将企业设立目标的时间考虑在内。理论上讲，目标采用和目标度量的决定因素应当以目标建立时或目标建立前的因素为准。然而，由于碳排放信息披露数据库没有直接给出目标建立的日期，我们需要根据其他数据反推目标的建立日期。比如，McCormick & Company 公司在 2013 年碳排放披露项目数据中报告称该企业已设定目标，力争到 2015 年时实现 5% 的减排率，且在 2012 年进一步报告称实现目标的时限已经过去一半。由此可以推断出目标是在 2009 年建立的。同时，模型中的外部因素应为目标建立时刻的政府压力、市场压力、环境压力。但限于数据的局限性，我们只能采用企业披露年份的政府压力、市场压力、气候压力数据作为近似。另外，鉴于排放目标设定可能受到某一特定行业或特定年份的影响，我们需要引入针对行业和年份的虚拟变量控制行业和年份的影响。其中，行业虚拟变量根据全球行业分类标准的两位代码创建，年份虚拟变量根据某一特定目标设定的年份创建。

表 2 – 8 显示的是这 351 家企业的汇总数据。A 组显示的是企业目标按照行业划分的目标采用和度量的分布情况。整体看来，74.64%（100% – 25.36%）的企业已设定了排放目标。绝对目标和强度目标出现的频率基本相同，均占 30% 左右。我们的样本覆盖了全球产业分类标准下的全部十个行业。在这些行业当中，信息技术行业未采用目标的企业比率最高（41.27%），排在第二位的是能源行业（37.50%）。B 组显示的是本研究中使用的变量的平均值、标准差、25 百分位数和 75 百分位数。

表 2 – 8　目标汇总数据

A 组：行业目标采用和目标度量分布情况

行业	未设置目标		绝对目标		强度目标		绝对和强度目标		总计
	企业数量	百分比（%）	企业数量	百分比（%）	企业数量	百分比（%）	企业数量	百分比（%）	
非必需消费品	9	16.98	15	28.30	20	37.74	9	16.98	53
日常消费品	6	17.14	5	14.29	17	48.57	7	20.00	35
能源	6	37.50	2	12.50	5	31.25	3	18.75	16
金融	12	26.09	24	52.17	6	13.04	4	8.70	46

续表

行业	未设置目标		绝对目标		强度目标		绝对和强度目标		总计
	企业数量	百分比（%）	企业数量	百分比（%）	企业数量	百分比（%）	企业数量	百分比（%）	
医疗保健	7	24.14	13	44.83	7	24.14	2	6.90	29
工业	10	20.00	12	24.00	22	44.00	6	12.00	50
信息技术	26	41.27	17	26.98	15	23.81	5	7.94	63
原材料	6	22.22	5	18.52	9	33.33	7	25.93	27
电信业务	0	0.00	2	40.00	2	40.00	1	20.00	5
公用事业	7	25.93	13	48.15	3	11.11	4	14.81	27
总计	89	25.36	108	30.77	106	30.20	48	13.68	351

B 组：变量汇总数据

	均值	标准差	25 百分位数	75 百分位数
目标严苛度	14.97	14.96	5.00	20.00
目标完成度	1.25	0.85	1.00	1.53
组织结构	1.53	0.62	1.00	2.00
总资产（Log）	9.75	1.50	8.82	10.61
营销增长	−0.03	0.12	−0.07	0.02
研发强度	0.06	0.08	0.01	0.09
负债率	0.22	0.14	0.11	0.31
排放强度	3.94	1.95	2.77	5.07
政府压力	0.46	0.54	0.00	0.75
市场压力	0.26	0.38	0.00	0.38
气候压力	0.46	0.58	0.00	0.64

2.4.4 研究方法和结果

我们首先调查企业特征与企业目标采用决策之间的关系。为展开研究，我们设计了一个二元概率回归模型（probit regression）：若企业 i 已经设定了碳排放目标，则因变量（dependent variable）"目标采用"（Target_Adoption 变量）取值为 1，否则取值为 0。此概率模型如下：

$$Prob(Target\_Adoption_i = 1) = \Phi(\alpha + X_i\beta_X + Y_i\beta_Y$$
$$+ C_i\beta_C + \varepsilon_i). \qquad (2-1)$$

在模型（2-1）中，脚注 i 代表企业名字 i，Φ 是标准累积正态分布，α 是截距，X_i 是反映企业 i 特征（包括企业规模、企业发展、创新、资金制约和排放强度）的协变量的向量，Y_i 是反映企业 i 外部影响因素（包括政府压力、市场压力、气候压力）的协变量的向量，C_i 是代表控制协变量（行业虚拟变量及年份虚拟变量）的向量，β_X、β_Y 和 β_C 代表相应变量的未知系数。我们使用最大似然法估算模型。

表 2-9 展示的是基于回归模型（2-1）所估算出的系数和边际效应。报告所有协变量边际效应的目的在于正确地分析可能性的增加程度。边际效应的计算方法是，当协变量按某一标准差变化时（平均值上下 0.5 标准差）导致的预测概率的变化（其他全部变量都固定在平均值）。比如，政府压力提升 1 标准差的同时，采用减排目标的概率则会相对当前的基准概率提高 14%。

在内部因素当中，企业规模的系数和边际效应表现为显著正相关，p 值小于 0.01。企业发展和创新的系数和边际效应也是显著正相关，p 值小于 0.1。资本掣肘与目标采用呈负相关，p 值小于 0.1。外部因素中，我们发现政府压力的系数和边际效应呈显著正相关，p 值小于 0.05。因此，监管或者监管威胁等形式的政府压力可以促进减排目标的使用。我们发现市场压力和气候压力对于目标采用概率的影响相对较弱。整体上看，调查结果表明规模越大、增长幅度越大、创新水平越高、资金制约越弱、政府压力越大，企业设定减排目标的可能性越大。

表 2 –9 目标采用的决定因素

	系数	边际效应
截距	– 2. 6880 * * * (0. 6204)	
内部因素：		
总资产（Log）	0. 1966 * * * (0. 0594)	0. 0548
营销增长	1. 1000 * (0. 5514)	0. 3065
研发强度	1. 4710 * (0. 8360)	0. 4097
负债率	– 1. 2198 * (0. 6158)	– 0. 3337
排放强度	– 0. 0001 (0. 0001)	0. 0000
外部因素：		
政府压力	0. 5050 * * (0. 2360)	0. 1407
市场压力	0. 2584 (0. 3442)	0. 0720
气候压力	0. 2189 (0. 2264)	0. 0610
行业虚拟变量	是	
年份虚拟变量	是	
Rseudo R-squared	0. 2352	

注：括号中为标准误差。

$* p < 0.1$；$* * p < 0.05$；$* * * p < 0.01$。

接下来，我们采用多项逻辑回归分析（multinomial logit regression）的方法检验内部因素和外部因素对于目标度量的影响。在回归方程中，因变量目标度量（Target_ Metric）共有四种类别，即无目标、仅有绝对目标、仅有强度目标、兼有绝对目标和强度目标。需要注意的是，绝对目标和强度目标并非互斥关系，因此最后一个类别代表同时采用两种目标度量的企业。多项逻辑回归分析帮助我们同时识别出不同目标度量的决定因素。这一模型表达式如下：

$$Prob(\,Target\_\ Metric_i\ =\ j\,)\ =\ \frac{\exp(\beta_j\,X_i)}{\sum_{k=1}^{4}\exp(\beta_k\,X_i)},\qquad(2-2)$$

如果是无目标情况，则 j 值设为 1；若仅有绝对目标，则 j 值为设 2；若仅有强度目标，则 j 值设为 3；若兼有绝对目标和强度目标，则 j 值设为 4。表 2 - 10 显示的是多项逻辑回归分析结果。我们报告的是仅有绝对目标和仅有强度目标两种情况下各变量的系数。

表 2 - 10　目标度量的决定因素

	绝对目标	强度目标
截距	- 1. 5022 * * *	- 0. 9155
	(0. 6557)	(0. 5516)
内部因素：		
总资产（Log）	0. 1918 * * *	0. 1057
	(0. 0595)	(0. 0632)
营销增长	- 1. 8810 *	0. 3193 * *
	(0. 6630)	(0. 1567)
研发强度	0. 9810 *	0. 0065
	(1. 2549)	(0. 2318)
负债率	0. 9975 *	0. 2551
	(0. 5506)	(0. 1804)
排放强度	- 0. 0620	0. 0011
	(0. 0429)	(0. 0406)
外部因素：		
政府压力	0. 2891 * *	- 0. 0010
	(0. 2108)	(0. 0351)
市场压力	- 0. 0764	0. 0026
	(0. 1887)	(0. 0911)
气候压力	0. 1103	0. 0026
	(0. 2057)	(0. 0930)
行业虚拟变量	是	
年份虚拟变量	是	
Pseudo R-squared	0. 1948	

注：括号内为标准误差。

* p < 0. 1；* * p < 0. 05；* * * p < 0. 01。

由总资产代表的企业规模与绝对目标采用概率呈显著正相关关系，p值小于 0.01。企业规模与强度目标的采用概率也呈正相关，但并不显著。另外，以营销增长代表的企业发展与采用强度目标的概率显著正相关，与绝对目标采用概率显著负相关。这一结果同之前的推测相一致，即高发展中的企业倾向于采用强度目标，因为强度目标可以使企业在控制温室气体排放的同时满足业绩增长的需要。有一种观点认为，强度目标可以平衡温室气体排放和经济发展之间的关系，这一看法适用于国家的发展；而我们的研究结果表明，这个观点同样适合于企业。但我们同时需要说明的是，同绝对目标相比，强度目标会导致总排放量的不确定性。因此，政策制定者和企业管理者需要密切关注采用强度目标的企业。同时，我们注意到排放强度与绝对目标的采用呈负相关关系，但关系并不显著。由研发强度代表的创新水平和由负债率代表的资金制约与两种目标均呈正相关，但效果均不显著。外部因素与两种目标之间均无显著关系。整体上，企业规模和企业发展对目标度量有显著影响，而其他因素并无显著影响。

以上研究的结论可总结如下。首先，目标设定是温室气体减排的初始且关键的步骤。在本研究中我们以部分美国标准普尔指数 500 企业为对象，调查了企业设定温室气体排放目标背后的驱动因素。我们发现，企业规模越大、发展越快、创新能力越强、资本制约越弱、政府压力越大，则其设定排放目标的可能性就越大。并且，在绝对目标和强度目标之间，高增长企业采用强度目标的可能性更大。以上结果对企业环保行动背后促进因素的相关研究进起到了补充作用。

政策制定者和企业管理者应考虑上面所提及的因素及其对于目标特征的影响，从而引导企业产生理想的目标设定行为。在本研究的样本中，仍有 25% 的企业未设定排放目标。进一步来看，政策制定者应尝试提高企业排放目标的采用率。比如，为鼓励采用排放目标，政策制定者或可试图采取监管措施加强政府对企业的压力。温室气体排放税、排放量限额等硬性措施短期看来可能较难实施。但政策制定者还可利用其他办法加大对企业的压力，如强制性的温室气体排放报告。为推动排放目标的进一步普及，政策制定者或应特别关注规模小、增长慢、创新能力低的企业，因为研究表明这些企业采用排放目标的概率较小。另外，政策制定者应关注高增长企业的温室气体排放情况，因为这些企业采用强度度量控制温室气体排放的概率较高，但对于总排放量却没有限制。

第 3 章　考虑气候变化的企业绩效评估

3.1 气候变化与企业绩效

气候变化的绩效评估正在成为愈加重要的研究问题。不同于主流文献中针对国家或区域气候变化绩效的研究，我们的研究重点是企业气候变化相关的绩效评估，并以此作为企业气候变化管理水平的衡量标准。显然，面对来自监管机构、投资人和消费者日益加大的关于温室气体减排的压力，各行业和各企业都需要改变现有的业务运营模式以应对挑战。企业采取气候变化行动的主要障碍在于：一些公司认为采取应对气候变化的措施将会增加运营成本，损害企业的经济绩效，从而最终有损于消费者福利。这一观点关乎一个长期议论的话题，即经济绩效和环境绩效之间的关系。我们在本章将进一步探讨这一话题。

本章的内容主要分为两部分：（1）石油行业的气候变化绩效研究；（2）跨行业的气候变化绩效研究。为了应对气候变化的挑战，国际政府间气候变化专门委员会强调，各行业都需要采取缓解气候变化的行动。这是因为气候变化会对社会的各个方面产生影响，单个行业的独自行动不可能有效缓解气候变化问题。因此在本章中，我们既研究特定的重点行业的表现，也进行跨行业的比较研究。我们将采用数据包络（data envelopment analysis，简称 DEA）方法对以上两部分内容进行分析，研究数据主要来自于美国企业。

第一部分研究将围绕石油行业展开。在所有的工业部门中，石油行业在环保方面一直备受指责。石油和天然气开采过程中会产生多种污染物，包括固态垃圾、钻井处理液和石油泄漏等液体污染以及甲烷泄漏等空气有毒物质。在美国，石油和天然气的开采受到联邦和州级的多重环境法规管理。联邦法规为所有勘探和生产活动制定了基本要求。在联邦级别，最重要的法规包括《国家环境政策法》《清洁空气法案》《清洁水法》《安全饮用水法》《濒危灭绝物种法》《有毒物质管理法》和《资源保护和恢复法案》。这些联邦法规可以直接或者间接影响石油和天然气生产，主要由环保署负责实行。在联邦土地的开采行为还受到美国土地管理局的管理。和本研究特别相关的是石油和天然气工业的温室气体排放的有关规定。这些法规中包括温室气体报告项目、《有害空气污染物标准》和《新排放源绩效标准》，都由美国环保署设计和监管。温室气体报告项目是从 2010 年起开始实行的法规，要求全国的大型温室气体排放企业报告他们每年的温室气体排放量。《有害空气污染物标准》规定了现有的和新的 188 种不同有害空气污染物标准。《新排放源绩效标准》针对的是新建、改善和翻新的企业。在石油和天然气行业，在 2012 年以前还没有一套联邦级的矿井管理标准，主要是由州和地方监管者来管理钻探工业。比如，科罗拉多州要求使用绿色完井技术（green completion）来减少完井过程中的气体泄漏。为了减少在钻井过程中的空气污染，特别是页岩天然气的水压致裂，在 2012 年美国环保署修改了《有害空气污染物标准》和《新排放源绩效标准》以对石油和天然气生产实施更严格的排放规定。新规定最显著的特征是强制大多数钻井采用绿色完井技术，减少完井过程中的气体泄漏，尤其是限制挥发性有机化合物（volatile organic compound，简称 VOC）、二氧化硫、甲烷和其他有毒空气污染物的排放。

在跨行业的气候变化绩效研究中，我们首先基于数据包络分析 DEA 方法建立了评估运营绩效和气候变化绩效的测量方法。然后，利用碳排放信息披露数据库，我们获得了企业关于气候变化相关的数据。该数据集可以使我们了解到公司应对气候变化的具体措施和效果，比如温室气体减排投资、投资实现的温室气体减排量及投资可能节省的成本等。为评估企业的气候变化绩效，我们将公司的气候变化投资及其温室气体减排量与投资节省的成本进行比较，以此测量企业的环境绩效。我们对比了非必需消费品、必需消费品、医疗保健、工业、信息技术和材料这六个行业的运营绩效和环保绩效表现，同时也评估了每个行业内部的企业情况，以调查同行业公司的绩效差异。我们旨在回答下列问题：这六个行业的气候变化表现同它们的运营表现有何不同？各行业内部的公司的气候变化绩效是否相似？本研究中可得出哪些政策方面的指导意见？我们以 2011 年至 2013 年美国标准普尔指数 500 公司的特定数据集为依据，以基于松弛变量的 DEA 模型为研究方法，获得了六个行业内企业的环境效率情况。结果表明，各个行业内和行业之间存在显著的绩效差异。我们在环境绩效中重点突出了各个行业的优缺点，并为政策制定者进一步提升气候变化绩效提出指导意见。我们同时评估了企业的运营绩效，并且通过合并运营效率和环保效率提出了综合绩效测量办法。整体来说，我们发现研究中涉及的六大行业的运营效率和环境效率之间均不存在明显联系。环境效率对于综合绩效的影响力要大于运营绩效。

与本章相关的研究可以分为三类：（1）气候变化绩效评估和缓解策略；（2）运营情况和气候变化绩效之间的关系；（3）数据包络 DEA 方法在环境绩效评估中的应用。

第一类文献中，相关学者已展开了大量的实证研究，调查国家和区域/行业温室气体排放绩效和管理策略。[51,85] 然而，大多数现有文献都是针对特定的国家或区域研究这个问题，较少涉及企业的绩效评估。造成这个现象的主要原因是国家和区域层面的数据相对企业数据更为丰富。但是仍有小部分的研究将注意力放在企业层面的绩效和策略上，且数量在迅速增长。比如，有学者研究了企业气候变化信息的披露策略。[86]有研究提出了适用于企业的温室气体减排方案，并为实现 IPCC 设定的目标给出相关指导意见。[87]部分学者调查了利益相关方在企业制订气候变化计划过程中的作用。[88]有学者研究了英国大型零售商的绩效情况，发现其能效在十年期间有了显著提升。[74]也有文献评估了美国石油行业的气候变化绩效。[89]

第二类文献研究了企业运营和气候变化绩效之间的关系，也就是围绕"绿色环保是否会带来收益"这一问题展开讨论。有一种观点认为，部分公司自愿采取温室气体减排行动计划的原因是获得短期经济利润，同时避免长期监管风险。[70]通过基于采访和案例分析的定性研究，有文献发现，欧盟国家的钢铁行业并不像其自身所说的那样容易遭受气候政策引起的损失。[90]有学者辩论称气候策略应该与优先发展条件结合在一起，从而获得经济和环境的双重收益。[91]尽管传统的观点认为环境保护行动涉及成本问题和对现存企业运营过程的干扰，近几年来越来越多的研究认为，环境保护方面的投资可通过废物减排对运营绩效产生积极影响。[92]这就对"绿色环保是否会带来收益"这一问题给出了明确肯定的答案，也就意味着企业通过环保投资能够在环境和运营层面实现双赢效果。然而，也有学者指出，这个问题已被争论许久，但关于运营绩效和环境绩效之间的关系还没有明确的答案。[93]尤其是实证证据还不能证明两者之间是否存在关系，更无法提供相关关系的正负性。比如，有研究发现汽车和电力行业的运营和环境绩效之间存在负向关系，[94]而工业公司的运营和环境绩效之间存在正向关系。[95]导致文献中出现不同甚至互相矛盾的结果的原因有很多，如研究所涉及的行业类型、绩效度量的具体定义可能不同。此外，据我们所知，由于缺少企业数据，现有的文献还未涉及企业应对气候变化的相关评估。因此，我们的研究可能是气候变化背景下对"绿色环保是否会带来收益"问题的初步探究。

第三类文献，即数据包络 DEA 方法在环境问题方面的应用近几年来广受关注。有文献指出，现已有大量与环境问题相关的 DEA 学术论文与著作面世。[96]比如，有学者用 DEA 模型分别测量了印度和美国制造业的能效情况。[97,98]有研究利用 DEA 模型评估了台湾地区 2004～2006 年大型火力发电站的发电效率。[99]有学者开发了松弛测度（slack - based measure，简称 SBM）DEA 模型，以测量 1998～2002 年 30 个经济合作与发展组织国家的环境绩效。[100]有学者提出了非径向（non - radial）DEA 模型，用来评估中国电力行业的环境效率。[101]有研究提出了结合松弛测度的非径向 DEA 模型，用以分析中国交通行业的环境效率。[102]有学者提出了松弛测度方法，用来调查中国火力发电行业化石燃料消耗与环境监管之间的关系。[103]还有研究利用范围调整测度（range - adjusted measure，简称 RAM）模型同时测量美国燃煤发电厂的运营效率和环境效率，并提出了综合效率比率概念。[104]有学者提出了一种特殊 DEA 模型，用于帮助企业管理者确定如何提高运营和环境计划方面的投资的效率，从而实现企业可持续发展。[61]有研究开发了多阶段 DEA 模型，用于评估供应链的可持续性发展水平。[105]

3.2 企业绩效评估的关键概念

作为企业绩效评估的基础，本节介绍基于数据包络分析 DEA 的环境和运营绩效综合评估的若干重要概念。为了解释的便利，首先要明确本研究用到的缩写词和术语，总结如下：DMU，决策单元；DEA，数据包络分析；URS，无限制的；UE，综合效率；UEN，自然可处置综合效率；UEM，管理可处置综合效率；UENM，自然和管理可处置综合效率；RTS，规模收益；DTS，规模亏损；DTR，收益亏损；DC，期望拥堵；UC，非期望拥堵；X，代表 m 个投入的一个列向量；G，代表 s 个期望产出的一个列向量；B，代表 h 个非期望产出的一个列向量；d_i^x，对应第 i 个投入的一个未知松弛变量；d_r^g，对应第 r 个期望产出的一个未知松弛变量；d_f^b，对应第 f 个非期望产出的一个未知松弛变量；λ，代表强度变量（或结构变量）的一个未知列向量；R_i^x，代表第 i 个投入所对应的数据范围；R_r^g，代表第 r 个期望产出所对应的数据范围；R_f^b，代表第 f 个非期望产出所对应的数据范围。

我们把 $X \in R_+^m$ 看作一个投入向量，把 $G \in R_+^s$ 看作一个期望产出向量，把 $B \in R_+^h$ 看作一个非期望产出向量。在本研究中这些向量被称为"产量因素"。除了这些向量以外，下标 j 用来代表第 j 个决策单元（决策单元：和私营部门和公共部门的组织相对应，即 decision making unit，简称 DMU），λ_j 表示用于连接生产因素的第 j 个强度变量（j = 1，…，n）。

运用公理表达式，分别用以下两种产出向量和一种投入向量来定义自然可处置性和管理可处置性的统一（运营和环境）生产可能性集合：

$$P^N(X) = \left\{ \begin{array}{l} (G,B): G \leqslant \sum_{j=1}^n G_j \lambda_j, B \geqslant \sum_{j=1}^n B_j \lambda_j, \\ X \geqslant \sum_{j=1}^n X_j \lambda_j, \sum_{j=1}^n \lambda_j = 1, \lambda_j \geqslant 0 \end{array} \right\}$$

$$P^M(X) = \left\{ \begin{array}{l} (G,B): G \leqslant \sum_{j=1}^n G_j \lambda_j, B \geqslant \sum_{j=1}^n B_j \lambda_j, \\ X \leqslant \sum_{j=1}^n X_j \lambda_j, \sum_{j=1}^n \lambda_j = 1, \lambda_j \geqslant 0 \end{array} \right\}$$

自然可处置性和管理可处置性的两个概念间的差别在于自然可处置性的生产技术，或者说 $P^N(X)$，满足 $X \geqslant \sum_{j=1}^n X_j \lambda_j$；而管理可处置性生产技术，或者说 $P^M(X)$，满足 $X \leqslant \sum_{j=1}^n X_j \lambda_j$。这两种可处置性概念直观上有极大的吸引力，因为期望产出的效率边界等于或高于观察值，而非期望产出等于或低于观测样本。

需要注意的是，在自然可处置性中评估综合效率措施，决策单元的运营绩效是首要考虑，而环境绩效是次要考虑。而在管理可处置性的评估中，优先顺序是相反的，即优先考虑环境绩效。我们可以认为这两种可处置性概念对应环境评估的两种标准，一定程度上反应了环境绩效和运营绩效的可能冲突。企业决策者早已讨论了这个商业问题。[92]

在先前的 DEA 研究中，一般假定投入向量指向减少的方向。这种假设经常和私营部门的环境保护现实相矛盾。比如，让我们设想有一个制造企业，该企业的平均成本低于平均销售额，因此营业状况处于营利状态，所以该公司能增加投入向量。由于先前的 DEA 研究间接假设总生产成本为极小值，传统的 DEA 通常适用于公共部门而不适用于私营部门。所以，本研究讨论的私营部门的 DEA 环境评估和公共部门的传统环境评估有所区别。

在将两个可处置性概念应用到 DEA 环境评估时，本研究可用自然可处置性和管理可处置性概念将投入分为两个组。用自然可处置性和管理可处置性将投入和产出都分别分为两个组之后，基于我们测量的综合效率水平，本研究可以将两个效率边界统一成一个综合效率边界。

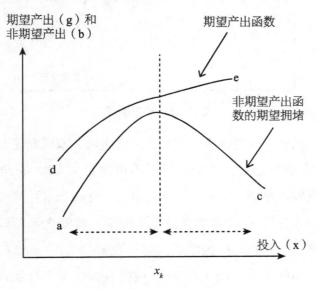

图 3 - 1　期望产出和非期望产出

在统一两个可处置性概念时，我们有必要为期望产出和非期望产出指定一种效率边界。图3-1用横轴（x）和纵轴（g和b）直观描述了效率边界的种类。从两个函数的图形可以看出，非期望产出的效率边界和期望产出的效率边界非常相近。像在自然可处置性的讨论中所说，如果技术创新不在非期望产出上，就会出现边界相似性。原理就是因为非期望产出是期望产出的"副产品"。所以，如左半边图所示，两种可处置性概念的统一需要一种相似（但不相同）的效率边界。但是两种边界功能可以出现不同形状，如右半边的图所示，因为防止工业污染的技术利用，期望产出的效率边界随着投入的效率边界增长而增长，而非期望产出的效率边界却减少。

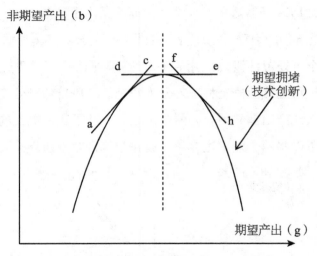

图3-2　期望拥堵

在描述了两种可处置性概念的统一方式之后，本研究需要讨论如何定义 DEA 的效率边界形状。首先，我们不可能定义 DEA 的产出功能的形状。但是，支撑超平面可以提供形状的信息，让我们有可能找到技术创新的出现。例如，在图3-2中的支撑超平面中，横轴表示期望产出，纵轴表示非期望产出，共有三种类型支撑超平面 a-c，d-e 和 f-h，分别代表正向、零、负向收益亏损（DTR），规模亏损在生产因素的单一构成元素情况测试方法为 $(db/dg)/(b/g)$。如图3-2所示，技术创新由负向收益亏损决定，因为期望产出的增加会导致非期望产出的降低。收益亏损

（DTR）的概念、传统的规模收益（RTS）以及规模亏损（DTS）的概念都不相同。对这三者概念和方法差异的详细描述可参见文献。[73]

为了讨论几个可处置性概念的不同，本研究回到了对可能的拥堵和规模收益的描述，而两者都是生产经济学中的著名经济概念。

图 3 - 3 描绘了非期望拥堵的概念。该图由横轴的投入（X）和纵轴的期望产出（g）构成。曲线表示投入和期望产出的生产边界。本研究清楚地指出这条曲线是为了描述之便，生产边界常用 DEA 的分段线性轮廓线来表示。图 3 - 3 出现了拥堵，这种拥堵常被称为"非期望拥堵"。

图 3 - 4 将规模收益分为五个不同类别：IRTS（递增规模收益）、CRTS（固定规模收益）、DRTS（递减规模收益），零 RTS（规模收益）和负 RTS（规模收益）。所有教材中都早已涉及前三种规模收益。但是，零 RTS（规模收益）和负 RTS（规模收益）就相对较新，其根源来自非期望拥堵的出现。如图 3 - 2 的直观图示，图 3 - 4 中的一个重要特点是支撑超平面决定规模收益。图 3 - 4 也可说明支撑超平面的重要性。和 DEA 环境评估相关的一个概念问题就是必要面对生产因素的三个组成部分（投入、期望产出和非期望产出）。这三种生产因素通常不会出现在传统的 DEA 模型中。

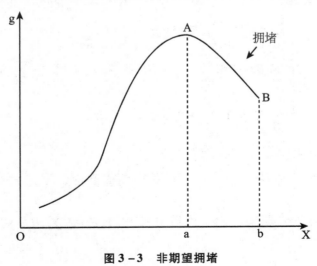

图 3 - 3　非期望拥堵

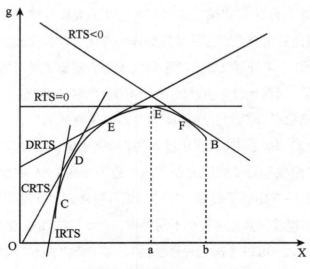

图 3 - 4　规模收益 RTS 的分类

早期的 DEA 研究创造了一个重要的概念突破，即对两个产出向量分别作出了强（strong）和弱（weak）可处置性概念的定义：[106]

$$P^S(X) = \left\{ \begin{array}{l} (G,B): G \leqslant \sum_{j=1}^{n} G_j \lambda_j, B \leqslant \sum_{j=1}^{n} B_j \lambda_j, X \geqslant \sum_{j=1}^{n} X_j \lambda_j, \\ \sum_{j=1}^{n} \lambda_j = 1, \lambda_j \geqslant 0 (j = 1, \cdots, n) \end{array} \right\}$$

$$P^W(X) = \left\{ \begin{array}{l} (G,B): G \leqslant \sum_{j=1}^{n} G_j \lambda_j, B = \sum_{j=1}^{n} B_j \lambda_j, X \geqslant \sum_{j=1}^{n} X_j \lambda_j, \\ \sum_{j=1}^{n} \lambda_j = 1, \lambda_j \geqslant 0 (j = 1, \cdots, n) \end{array} \right\}$$

不等式约束（$G \leqslant \sum_{j=1}^{n} G_j \lambda_j$）对应期望产出，不定式约束（$B \leqslant \sum_{j=1}^{n} B_j \lambda_j$）对应非期望产出。而等式约束（$B = \sum_{j=1}^{n} B_j \lambda_j$）对应非期望产出。

强可处置性与弱可处置性的概念长期在 DEA 环境评估的文献中占主

导地位。[107,108]强可处置性与弱可处置性的概念有两个重要的基本框架，在之前的生产经济学的研究中都很少被讨论。其中一个概念框架是非期望产出是期望产出的副产品。所以，两种产出和投入的变化有相似的联系。结果，单个生产功能可以表达三个生产因素。有一个问题是，对非期望产出的技术创新没有并入他们的可处置性概念。另一个概念框架是图 3 - 5 所描述的等式约束和非期望产出的分析性含义。投入增加确实会增加非期望产出的数量。因为有对非期望产出的等式约束，支撑超平面表示在支撑超平面（a - c）可能出现负斜率。结果如图 3 - 5 所示，可能出现非期望拥堵，所以表示"非期望产出的增加可能导致期望产出的减少"。我们不接受分析的结果，因为我们期望的是对立的结果。也就是说，如图 3 - 2 所示，DEA 环境评估需要一个可能的期望拥堵（技术创新），期望产出的减少伴随着期望产出的增加。

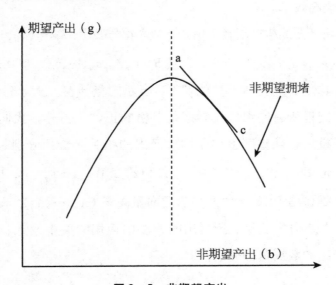

图 3 - 5　非期望产出

3.3 数据包络环境评估模型

3.3.1 综合效率（UE）

决策单元的综合（运营和环境）绩效以用投入来产生期望和非期望产出的生产活动为特征。这些投入、期望产出和非期望产出被称作"生产因素"。DEA 环境评估的一个重要特点是，每个决策单元的表现都会与其他决策单元进行相互比较，也就是说评估的结果给出的不是绝对的水平，而是相对水平。此外，表现的好坏用介于 0 和 1 之间的一个效率值表示，1 代表最高效率。

研究中所涉及的生产因素采用如下数学符号表示：$X_j = (x_{1j}, x_{2j}, \cdots, x_{mj})^T > 0$，$G_j = (g_{1j}, g_{2j}, \cdots, g_{sj})^T > 0$，以及 $B_j = (b_{1j}, b_{2j}, \cdots, b_{hj})^T > 0$，其中 $j = 1, \cdots, n$。这里，标在右上角的"T"表示向量转置。大于号（>）表示这三个列向量所有的组成元素都是严格的正数。另外，我们有必要引入下列关于投入、期望产出和非期望产出的松弛变量：分别是 $d_i^x \geq 0$，$i = 1, \cdots, m$；$d_r^g \geq 0$，$r = 1, \cdots, s$；和 $d_f^b \geq 0$，$f = 1, \cdots, h$。本研究所提出的数据包络 DEA 评估方法需要向量 $\lambda = (\lambda_1, \cdots, \lambda_n)^T$ 表示未知的"强度"或"结构"变量。所提出的方法中运用的关于投入、期望产出和非期望产出的数据范围分别是：

$$R_i^x = (m + s + h)^{-1} (\max\{x_{ij} \mid j = 1, \cdots, n\} - \min\{x_{ij} \mid j = 1, \cdots, n\})^{-1} \text{for } i = 1, \cdots, m,$$

$$R_r^g = (m + s + h)^{-1} (\max\{g_{rj} \mid j = 1, \cdots, n\} -$$

$$\min\{g_{rj} \mid j = 1, \cdots, n\})^{-1} \text{for } r = 1, \cdots, s,$$

$$R_f^b = (m + s + h)^{-1}(\max\{b_{fj} \mid j = 1, \cdots, n\} -$$

$$\min\{b_{fj} \mid j = 1, \cdots, n\})^{-1} \text{for } f = 1, \cdots, h.$$

这三个数据范围变量都可通过样本数据直接确定，从而保证这些数据范围能够在计算所需的 DEA 评估数据之前获得。之后，基于两个可处置性概念可将生产投入进一步分为两个类别。但是以上三个范围变量无须作出任何改变，因为它们是由针对投入的观测样本决定的。

测量第 k 个决策单元综合效率的非径向模型可以表达如下：

$$\text{Max} \sum_{i=1}^{m} R_i^x (d_i^{x+} + d_i^{x-}) + \sum_{r=1}^{s} R_r^g d_r^g + \sum_{f=1}^{h} R_f^b d_f^b$$

$$\text{s.t.} \sum_{j=1}^{n} x_{ij} \lambda_j - d_i^{x+} + d_i^{x-} = x_{ik}(i = 1, \cdots, m)$$

$$\sum_{j=1}^{n} g_{rj} \lambda_j - d_r^g \qquad = g_{rk}(r = 1, \cdots, s) \qquad (3-1)$$

$$\sum_{j=1}^{n} b_{fj} \lambda_j + d_f^b \qquad = b_{fk}(f = 1, \cdots, h)$$

$$\sum_{j=1}^{n} \lambda_j = 1$$

$$\lambda_j \geqslant 0(j = 1, \cdots, n),$$

$$d_i^{x+} \geqslant 0(i = 1, \cdots, m), d_i^{x-} \geqslant 0(i = 1, \cdots, m)$$

$$d_r^g \geqslant 0(r = 1, \cdots, s), d_f^b \geqslant 0(f = 1, \cdots, h)$$

求解模型（3－1）之后，第 k 个决策单元综合效率（unified efficiency，简称 UE）的水平取决于这个模型括号中所有松弛变量都取自模型（3－1）中的最优解，即：

$$UE = 1 - \left(\sum_{i=1}^{m} R_i^x (d_i^{x+*} + d_i^{x-*}) + \sum_{r=1}^{s} R_r^g d_r^{g*} + \sum_{f=1}^{h} R_f^b d_f^{b*} \right) 。$$

$$(3-2)$$

最后，我们有必要注意的是，关于第 i 个投入的两个松弛变量在运算上定义为 $d_i^{x+} = (|d_i^x| + d_i^x)/2$ 和 $d_i^{x-} = (|d_i^x| - d_i^x)/2$，这两个变量是互不相容的。否则，模型（3-1）可能会产生无界解，因为这个模型的对偶式是不可行的。因此，$d_i^{x+} > 0$ 和 $d_i^{x-} > 0$（$i = 1, \cdots, m$）同时出现的情况应被排除在模型（3-1）的最优解之外。若此情况出现在模型（1）当中，则模型（1）有必要包含能被非线性或混合整数规划方法解开的非线性条件 $d_i^{x+} d_i^{x-} = 0$（$i = 1, \cdots, m$）。有研究针对如何运用非线性或混合整数规划方法处理计算问题作出了详细介绍[109]。

3.3.2 自然可处置综合效率（UEN）

如果在模型（3-1）中仅保留一个投入松弛变量（$+d_i^x$），我们就能进而测量特定第 k 个决策单元的自然可处置综合效率水平：

$$\text{Max} \sum_{i=1}^{m} R_i^x d_i^x + \sum_{r=1}^{s} R_r^g d_r^g + \sum_{f=1}^{h} R_f^b d_f^b$$

$$\text{s.t.} \sum_{j=1}^{n} x_{ij} \lambda_j + d_i^x = x_{ik} (i = 1, \cdots, m)$$

$$\sum_{j=1}^{n} g_{rj} \lambda_j - d_r^g = g_{rk} (r = 1, \cdots, s)$$

$$(3-3)$$

$$\sum_{j=1}^{n} b_{fj} \lambda_j + d_f^b = b_{fk} (f = 1, \cdots, h)$$

$$\sum_{j=1}^{n} \lambda_j = 1$$

$$\lambda_j \geqslant 0 (j = 1, \cdots, n), d_i^x \geqslant 0 (i = 1, \cdots, m),$$

$$d_r^g \geqslant 0 (r = 1, \cdots, s), d_f^b \geqslant 0 (f = 1, \cdots, h)$$

模型（3－3）测量管理可处置综合效率水平。该模型考虑了投入相关的偏差 $- d_i^x (i = 1, \cdots, m)$ 以取得管理可处置性情况，即增加所有的投入以提高第 k 个决策单元的运营能力，同时满足期望产出和非期望产出的要求。第 k 个决策单元的管理可处置综合效率由方程（3－4）测量得出：

$$UEN = 1 - \left(\sum_{i=1}^m R_i^x d_i^{x*} + \sum_{r=1}^s R_r^g d_r^{g*} + \sum_{f=1}^h R_f^b d_f^{b*} \right)。 \quad (3 - 4)$$

其中所有的松弛变量都取决于模型（3－3）的最优解。括号内的等式由模型（3－3）得出，代表低水平综合效率的水平。管理可处置综合效率通过在方程（3－4）合成值中除去低效率水平得出。

3.3.3 管理可处置综合效率（UEM）

如果仅保留模型（3－1）中的一个投入松弛变量（$- d_i^x$），我们进而就能测量特定第 k 个决策单元的管理可处置综合效率水平：

$$\text{Max} \sum_{i=1}^m R_i^x d_i^x + \sum_{r=1}^s R_r^g d_r^g + \sum_{f=1}^h R_f^b d_f^b$$

$$\text{s. t. } \sum_{j=1}^n x_{ij} \lambda_j - d_i^x = x_{ik} (i = 1, \cdots, m)$$

$$\sum_{j=1}^n g_{rj} \lambda_j - d_r^g = g_{rk} (r = 1, \cdots, s) \quad (3 - 5)$$

$$\sum_{j=1}^n b_{fj} \lambda_j + d_f^b = b_{fk} (f = 1, \cdots, h)$$

$$\sum_{j=1}^n \lambda_j = 1$$

$$\lambda_j \geq 0 (j = 1, \cdots, n), d_i^x \geq 0 (i = 1, \cdots, m),$$

$$d_r^g \geq 0 (r = 1, \cdots, s), d_f^b \geq 0 (f = 1, \cdots, h)$$

模型（3－5）测量管理可处置综合效率水平。该模型考虑了投入相关的偏差 $- d_i^x$（$i = 1$，$\cdots$，m）以取得管理可处置性情况，即增加所有的投入以提高第 k 个决策单元的运营能力，同时满足期望产出和非期望产出的要求。

和自然可处置综合效率一样，第 k 个决策单元的管理可处置综合效率由方程式（4）测量得出：

$$UEM = 1 - \left(\sum_{i=1}^{m} R_i^x d_i^{x*} + \sum_{r=1}^{s} R_r^g d_r^{g*} + \sum_{f=1}^{h} R_f^b d_f^{b*} \right)。 \quad (3-6)$$

其中所有的松弛变量都取决于模型（3－5）的最优解。括号内的表达式由模型（3－5）求解得出，代表合成低效率的水平。管理可处置综合效率通过在合成值中除去低效率水平得出。

3.3.4 自然和管理可处置性综合效率（UENM）

模型（3－1）、（3－3）和（3－5）分别对应综合效率、自然可处置综合效率和管理可处置综合效率。下面，本研究将提出一种新的方法，即同时结合了自然可处置性和管理可处置性的非径向模型。所提出的模型可以测量第 k 个决策单元的自然和管理可处置综合效率水平。首先，自然可处置性下，决策单元需要减少一个向量的投入来改善第 k 个决策单元的运营业绩。相反，在管理可处置性下，决策单元需要增加一个向量的投入来改善环境业绩。为了把这两个要求综合起来，新的模型的核心思路是将投入根据两种可处置性概念分为两个类别。为了综合这两个可处置性概念，本研究运用以下综合模型：

$$\text{Max} \sum_{i=1}^{m^-} R_i^x d_i^{x-} + \sum_{q=1}^{m^+} R_q^x d_q^{x+} + \sum_{r=1}^{s} R_r^g d_r^g + \sum_{f=1}^{h} R_f^b d_f^b$$

$$\text{s. t. } \sum_{j=1}^{n} x_{ij}^- \lambda_j + d_i^{x-} = x_{ik}^- (i = 1, \cdots, m^-)$$

$$\sum_{j=1}^{n} x_{qj}^+ \lambda_j - d_q^{x+} = x_{qk}^+ (q = 1, \cdots, m^+)$$

$$\sum_{j=1}^{n} g_{rj} \lambda_j - d_r^g = g_{rk} (r = 1, \cdots, s) \qquad (3-7)$$

$$\sum_{j=1}^{n} b_{fj} \lambda_j + d_f^b = b_{fk} (f = 1, \cdots, h)$$

$$\sum_{j=1}^{n} \lambda_j = 1$$

$$\lambda_j \geqslant 0 (j = 1, \cdots, n), d_i^{x-} \geqslant 0 (i = 1, \cdots, m^-),$$

$$d_q^{x+} \geqslant 0 (q = 1, \cdots, m^+), d_r^g \geqslant 0 (r = 1, \cdots, s)$$

$$d_f^b \geqslant 0 (f = 1, \cdots, h)$$

原有的 m 个投入在新模型中将被重新划分两类投入，即 m^- 个对应自然可处置性的投入和 m^+ 个对应管理可处置性的投入。因此，这一模型包含 $m = m^- + m^+$ 个投入。第一种投入利用（ x_{ij}^- ），其松弛变量（ d_i^x ，i = 1，$\cdots$，m^- ）依照自然可处置性方法构成。比如，代表人力资源的员工人数就属于这种投入。同时，另外一种包含投入（ x_{ij}^+ ），其松弛变量（ d_i^x ，q = 1，$\cdots$，m^+ ）依照管理可处置性方法构成。比如，技术创新方面的资本投入就属于这种投入。研发支出也属于这种类别。用于技术创新的资本投入总量对促进生产活动和环境保护的水平非常重要。在新模型中，第 k 个决策单元的自然和管理可处置性综合效率由以下表达式给出：

$$UENM = 1 - \left(\sum_{i=1}^{m^-} R_i^x d_i^{x-*} + \sum_{q=1}^{m^+} R_q^x d_q^{x+*} + \sum_{r=1}^{s} R_r^b d_r^{g*} + \sum_{f=1}^{h} R_f^b d_f^{b*} \right) \text{。}$$

$$(3-8)$$

其中所有的松弛变量都取决于模型（3-7）的最优解。括号中的等式由模型（3-7）的最优解得出，代表合成低效率水平。自然和管理可处置综合效率可通过在合成值中减去低效率水平得出。

模型（3-7）有以下对偶公式：

$$\min \sum_{i=1}^{m^-} v_i \, x_{ik}^- - \sum_{q=1}^{m^+} z_q \, x_{qk}^+ - \sum_{r=1}^{s} u_r \, g_{rk} + \sum_{f=1}^{h} w_f \, b_{fk} + \sigma$$

$$\text{s. t. } \sum_{i=1}^{m^-} v_i \, x_{ij}^- - \sum_{q=1}^{m^+} z_q \, x_{qj}^+ - \sum_{r=1}^{s} u_r \, g_{rj} + \sum_{f=1}^{h} w_f \, b_{fj} + \sigma \geqslant$$

$$0(j = 1, \cdots, n)$$

$$v_i \geqslant R_i^x \quad (i = 1, \cdots, m^-) \tag{3-9}$$

$$z_q \geqslant R_q^x \quad (q = 1, \cdots, m^+)$$

$$u_r \geqslant R_r^g \quad (r = 1, \cdots, s)$$

$$w_f \geqslant R_f^b \quad (f = 1, \cdots, h)$$

$$\sigma : \text{URS}$$

在这个公式中，$v_i(i = 1, \cdots, m^-)$，$z_q(q = 1, \cdots, m^+)$，$u_r(r = 1, \cdots, s)$ 和 $w_f(f = 1, \cdots, h)$ 是分别和模型（3-7）中的第一组、第二组、第三组和第四组限制条件对应的对偶公式。无限制的对偶公式中的变量 σ 可由模型（3-9）得到。

值得注意的是，可以通过混合整数规划来计算模型（3-7）。所以，和模型（3-1）相比，这个模型的计算方法较为直接。另外，虽然模型（3-1）的投入和产出分别基于两个可处置性概念，但是模型（3-1）将自然和管理可处置性统合并在同一个公式里。这些独特的特征赋予本研究检验自然和管理可处置综合效率的分析能力，并能为可持续发展提供有效投资建议。

3.3.5 可能出现期望拥堵的自然和管理可处置性综合效率 (UENM (DC))

模型（3－3）和模型（3－5）可以通过其他方式进行合并，以下即提出了一种新的非径向模型合并自然可处置性和管理可处置性。不同于模型（3－7），新模型中引入了技术创新的概念，即在新模型中，第 k 个决策单元同时结合了自然可处置性、管理可处置性以及出现期望拥堵（技术创新）。模型如下：

$$\text{Max} \sum_{i=1}^{m^-} R_i^x d_i^x + \sum_{q=1}^{m^+} R_q^x d_q^x + \sum_{f=1}^{h} R_f^b d_f^b$$

$$\text{s. t.} \sum_{j=1}^{n} x_{ij}^- \lambda_j + d_i^x = x_{ik}^- (i = 1, \cdots, m^-)$$

$$\sum_{j=1}^{n} x_{qj}^+ \lambda_j - d_q^x = x_{qk}^+ (q = 1, \cdots, m^+)$$

$$\sum_{j=1}^{n} g_{rj} \lambda_j = g_{rk} (r = 1, \cdots, s) \qquad (3-10)$$

$$\sum_{j=1}^{n} b_{fj} \lambda_j - d_f^b = b_{fk} (f = 1, \cdots, h)$$

$$\sum_{j=1}^{n} \lambda_j = 1$$

$$\lambda_j \geqslant 0 (j = 1, \cdots, n), d_i^x \geqslant 0 (i = 1, \cdots, m^-),$$

$$d_q^x \geqslant 0 (q = 1, \cdots, m^+), d_f^b \geqslant 0 (f = 1, \cdots, h)$$

原有的 m 个投入数量在模型（3－10）中被重新划分为 m^-（自然可处置性方法）和 m^+（管理可处置性方法）两种。观测投入可以根据两种可处置性概念分为（x_{ij}^- and x_{qj}^+）两组。因此，正如在自然和管理可处置综合效率中所设置的一样，这一模型包含 m = m^- + m^+ 个投入。

自然和管理可处置性综合效率与自然和管理可处置性综合效率（出现

期望拥堵）之间有两点区别。第一，自然和管理可处置性综合效率（出现期望拥堵）要考虑用可能出现的期望拥堵（或技术创新）来减少非期望产出总量。而自然和管理可处置综合效率不考虑技术创新。第二，和期望产出相关的第三组限制条件没有任何松弛变量。

第 k 个决策单元在自然和管理可处置方法下的综合效率水平，或者自然和管理可处置性综合效率（出现期望拥堵）的计算方法如下：

$$
UENM(\mathrm{DC}) = 1 - \left(\sum_{i=1}^{m^-} R_i^x d_i^{x-*} + \sum_{q=1}^{m^+} R_q^x d_q^{x+*} + \sum_{f=1}^{h} R_f^b d_f^{b*} \right)
$$

$$(3-11)$$

在方程式（3-11）中，其中所有的松弛变量都取决于模型（3-10）的最优解。括号内的等式由模型（3-10）得出，代表综合低效率的水平。自然和管理可处置性综合效率（出现期望拥堵）是在出现期望拥堵（或非期望产出方面的技术创新）时通过在合成值中除去低效率水平得出。模型（3-10）有以下的对偶公式：

$$
\min \sum_{i=1}^{m^-} v_i x_{ik}^- - \sum_{q=1}^{m^+} z_q x_{qk}^+ + \sum_{r=1}^{s} u_r g_{rk} - \sum_{f=1}^{h} w_f b_{fk} + \sigma
$$

$$
\mathrm{s.t.} \sum_{i=1}^{m^-} v_i x_{ij}^- - \sum_{q=1}^{m^+} z_q x_{qj}^+ + \sum_{r=1}^{s} u_r g_{rj} - \sum_{f=1}^{h} w_f b_{fj} + \sigma \geqslant
$$

$$
0(j = 1, \cdots, n)
$$

$$
v_i \geqslant R_i^x (i = 1, \cdots, m^-)
$$

$$(3-12)$$

$$
z_q \geqslant R_q^x (q = 1, \cdots, m^+)
$$

$$
u_r : \mathrm{URS}
$$

$$
w_f \geqslant R_f^b (f = 1, \cdots, h)
$$

$$
\sigma : \mathrm{URS}
$$

其中 v_i（$i=1$，$\cdots$，m^-），z_q（$q=1$，$\cdots$，m^+），u_r（$r=1$，$\cdots$，s）和 w_f（$f=1$，$\cdots$，h）都是关于模型（3-10）的第一、第二、第三、第四组限制条件的对偶变量。对偶变量 σ 无符号限制，由模型（3-10）的最后一个等式得出。模型（3-12）的一个重要特点是可以用于根据以下规则确定投资策略。

投资策略：求解模型（3-12）之后，可以用以下规则来识别期望拥堵的出现和技术创新的机会。

（a）如 r 取某个或某些值时 $u_r^* = 0$，则第 k 个决策单元出现了"零收益亏损"。

（b）如 r 取某个或某些值时 $u_r^* < 0$，则第 k 个决策单元出现了"负向收益亏损"。

（c）如 r 取某个或某些值时 $u_r^* > 0$，则第 k 个决策单元出现了"正向收益亏损"。

需注意的是，若 r 取某些值时 $u_r^* < 0$ 且取另外一些值时 $u_r^* = 0$，则本研究认为第 k 个决策单元出现了"负向收益亏损"，表示期望拥堵、技术创新或非期望产出的情况。

若 r 取所有值时 $u_r^* < 0$，则出现了最佳情况，因为任何期望产出的增加总会导致非期望产出数量的下降。同时，若 r 取某些值时 $u_r^* < 0$，则表明有可能降低非期望产出的数量。因此，本研究将第二种情况包括在内，也将其作为一种投资机遇。

当出现负向收益亏损时（r 取某个或某些值时 $u_r^* < 0$），投资对于减少非期望产出的效果取决于下列规则：

（a）如果 $z_q^* > R_q^x$，则管理可处置方法下，对第 q 个投入进行投资能够有效减少非期望产出的数量。

（b）如果 $z_q^* = R_q^x$，则管理可处置方法下，对第 q 个投入进行投资对于减少非期望产出数量的作用是有限的。

特别需要注意的是，其他两种情况（正向收益亏损和零收益亏损情况）中并未提及管理可处置方法下的投入投资。另外，本研究利用了第二种情况中的"有限作用"。这个词表示，如果 $z_q^* = R_q^x$ 出现在第 q 个投入中，则 z_q^* 的值很有可能是很小的正数。并且，q 取某些值时需要限定 $z_q^* > R_q^x$。当然，并非所有 q 值都要有此限定条件。

3.4 石油行业环境绩效评估

3.4.1 石油行业背景

本研究使用以上提出的方法来检验美国石油公司的企业可持续发展水平，作为该方法实际运用的例子。基于公司的结构，石油行业中的企业可分为联营公司（integrated company）和独立公司（independent company）。联营公司又称"主要公司"（major company），它们在石油产业链的"上游"（原油和天然气的开采、开发和生产）和"下游"（炼油、油库存储和销售）都有运营业务。而独立公司在商业运营中主要关注上游的石油开采环节，而非下游的业务。我们对这两种不同的公司进行实证比较，研究哪一种类型的公司在经济业绩和环境业绩方面表现更加出色。

本研究的目的是检验美国石油公司的企业可持续性，从而了解这些公司供应链运营和碳排放的情况。在所有的工业部门中，我们之所以对石油行业特别感兴趣是出于以下原因。石油行业是美国温室气体排放的第二大工业部门，在 2012 年排放了至少 2.17 亿公吨二氧化碳，仅次于电力行业。所有工业部门的具体排放数据可参见美国环保署的"温室气体报告项目"。常有报道称，气候变化可能会对石油工业的开发、生产和销售石油及天然气产品的能力产生消极的影响。因此，如美国环保署发布的石油和天然气空气污染标准所示，限制和减少石油工业的温室气体排放近来受到了企业领导、决策者和环保人士的高度重视。石油供应链的典型功能包括开采、生产、处理和销售石油和天然气产品。从供应链的参与程度看，石油公司可以在功能上分为联营公司和独立公司。联营公司参与供应链从上游开采到下游零售的整个运作，而独立公司一般只参与下游功能，例如勘探和开发。

本研究将专注于陆上勘探和生产部门的排放量。在这个部门，钻井和化石燃料燃烧的过程中直接产生温室气体，油井泄露和井口喷方间接产生温室气体。勘探和生产是温室气体大量产生的第一个环节。美国环保署温室气体报告项目中称，这是石油工业中产生最多的温室气体的部门，排放量为 88 百万吨二氧化碳。另外，专注于研究石油勘探开采这个部门让我们能在研究中覆盖尽可能多的公司。这是因为有为数众多的公司都参与陆上勘探和生产的环节，而仅有一小部分公司进行近海石油生产、炼油、销售等活动。

如前文讨论的，石油工业有可能通过采用绿色科技和进行绿色生产来减少温室气体排放量。例如，有一种叫做"绿色完井"（green completion）的典型技术可以捕获原本在完井阶段泄漏进入空气中的天然气。美国石油学会（American Petroleum Institute）估计，绿色完井技术的成本是每口井 18 万美元。在美国环保署建议强制执行绿色完井技术之前，很多公司就已经开始主动采用该技术。

在本章研究中，我们很容易推测出联营公司和独立公司为减少工业污染、改善环境作出的努力有所不同。联营公司参与整个供应链，更容易受到消费者和监管者的关注。他们自身就提供零售品牌，和消费者有直接接触，因此面对着消费者在环保方面的更强压力。消费者若对一个公司的环保绩效不满，这种不满就会直接造成公司的销售损失。联营公司的大型供应链也使他们时常成为当地政府和监管者的目标。另外，联营公司的供应链遍布全球，在很多国家的运营要遵守当地的环保法规。相较之下，独立公司仅在美国运营，而美国的排放法规不如其他一些国家严格。虽然其他国家的环保法规不会直接影响公司在美国运营，但可推测的是，这些法规会刺激对绿色科技创新的投资，通过知识转移的方式来使公司的美国运营受益。另外，公司所在他国的极为严厉的法规将为公司的整体环境政策定型。例如，有学者对比了石油输出国组织（Organization of the Petroleum Exporting Countries，简称 OPEC）中国际石油公司和本国石油公司的绩效。[109]和他们的研究不同，本研究是从供应链的角度来检验美国石油工业的运营和环境绩效。

为达成社会与经济可持续发展的目标，需要运用新的方法来将企业的环境措施和财务、运营措施结合起来，为总体绩效作出整体评估。和现有的方法相比，所提出的数据包络分析法有几点优势。首先，它将自然可处置性、管理可处置性等四个可处置性概念和这些概念组合进行整合。分别代表公司的运营绩效和环境绩效的产出和投入可以通过这些可处置性概念作出区分。另外，所提出的方法能通过应用期望产出和非期望产出的拥堵概念来确定温室气体减排的有效投资机会。本研究对在数据包络分析法应用中获得的商业含义和政策含义进行总结。

3.4.2 理论与假设

主流文献将绿色供应链管理分为八个相关的研究方向。[110]尽管本次研究是关于石油行业的企业可持续性，但仍能用类似的分类方法来对比本研究和前人的研究，从而更加有效地阐释本研究的定位。这八个研究方向包括：（1）商业复杂性；（2）生态现代化；（3）信息不对称；（4）机构外部性；（5）资源观点；（6）资源依赖性；（7）社交网络以及（8）利益相关者理论。我们借鉴以上分类方法将绿色供应链相关理论梳理如下。

商业复杂性：商业复杂性是通过环境因素（例如消费者、政府法规、技术进步）中的异质性和多样性来定义的。随着公司规模扩大，公司会在计划和预测包括产品召回、产品回收、产品检验和质量检查在内的商业行为时遇到更大的困难。[111]类似的讨论也见于其他文献。例如，有研究使用了 220 家日本制造公司从 2004 年到 2007 年的 853 个观测样本，归纳总结出日本公司把积累的资本用于防止工业污染的方法。[112]他们的研究说明，公司的规模对于其采取环保的企业行为非常重要。他们的研究同时触及了相关法规对企业环保的影响。他们论述，如果没有资本积累，即使在符合法规的情况下，也不能实现企业可持续性发展。

生态现代化：生态现代化指企业通过技术创新来同时实现工业发展和环境保护。政策法规影响着环境创新方面企业的努力程度。[113]研究表明制造公司通过克服创新的障碍，可以获得更好的运营业绩。但也有研究称，企业在环境创新方面的努力并没有带来普遍的经济绩效。因此，很有必要发展一种扩散机制，在这种机制中核心大企业以环境创新为动力，然后将创新科技向小中企业扩散。[114]

信息不对称：公司需要向外部利益相关者报告他们的环境业绩，但是他们缺少关于产品、加工和物料流通的完整信息。所以，在公司和外部利益相关者之间存在着信息不对称。[115]信息共享对于协调企业和利益相关者来改善企业形象、满足法规要求起着关键作用。[116]信息不对称的一个问题就是所有利益相关者需要简明易懂的总结概要，而非描述企业运营绩效和环境绩效的详尽又复杂的信息。

机构外部性：外部压力影响企业去采取组织方法改善绩效。[117]这个概念可以用来检验企业如何在外部压力下解决环保的问题。[118]外部性的概念表明了解释环境保护的研究方向。比如，政府部门就是影响企业的商业行为的权力机构。[119]另外，75% 的美国消费者是因为公司的环境声誉而购买产品，而这些人中的 80% 愿意为环保的产品付更高的价格。总之，消费者愈发重视环境意识，开始愈加倾向于购买环保产品。[120]

基于资源的观点：企业要善用难以模仿和不可替代的资源（比如消费者的信任）来保持竞争优势。[121]广义的企业资源包括资产、生产和销售能力、企业属性和历史，这些都是改善企业效率和竞争力所需要的。[83,121]

资源依赖性：暗示企业不应以牺牲他人为代价索取短期利益，要通过放远眼光来争取更好的绩效。这种长远规划对企业的可持续发展至关重要。[122]为了实现长远目标，企业需要保持内部和外部的协调，实现合伙人间的协调和资源共享，从而对运营业绩和环境业绩产生正面影响。[123]

社交网络：这个概念讨论了如何通过在企业内外建立社交关系来发展企业的可持续性。企业根据在社交网络获取的信息作出决策。[124]例如，非正式的人际关系由企业内部的社交网络构成，而和消费者的关系属于外部社交网络。社交网络的发展可以促进企业共享新的可回收产品、清洁工艺和环保的信息。[125,126]

利益相关者理论：利益相关者是可以影响企业或者被企业目标的实现而影响的人群。所有企业都有影响多种内外部利益相关者的外部性。重要的利益相关者是指那些同时关注投资的短期收益和长期持续运营状态的个人或组织。所有企业总是面临着来自环境问题的巨大风险，因为违反环境有关规定会让他们付出巨大的代价。消费者是另一类利益相关者，近来越来越多的消费者认为环保是他们作出购买决定的重要影响因素。如果现代企业因造成污染而卖不出产品，他们就无法生存。因此，环保的企业形象对现代商业来说是必要的。最后一类利益相关者由那些因工作在环保企业而自豪的员工构成。该领域要解决一个重要的研究问题，就是需要用实证来证明在环保方面，各种利益相关者间存在着积极的关系。[110,127,128]

本次研究的重点可以用以下假设总结：

H：联营公司在综合（运营和环境）效率上比独立公司表现更好。这是因为前者拥有可以连接上下游商业的大型供应链，但是后者没有供应链，其业务仅限于上游运营。

支持这个假设的一个基本原理是：因为联营公司有大型供应链，所以环保的企业形象对企业在运营绩效中吸引消费者和投资者是必要的。环保的企业形象对独立公司来说也很重要，可以吸引投资者，但不吸引消费者，因为他们的商业中没有任何零售部门。而且，联营公司的运营比独立公司更大，所以前者在运营中有规模优势。

3.4.3 数据与结果

本研究使用的全部是来自纽约证券交易所能源指数所涵盖的石油和天然气生产公司的数据。该指数覆盖了 82 个独立公司和 20 个联营公司。本研究所提出的分析仅针对美国石油公司的运营。这些公司温室气体排放量来自美国环保署温室气体报告项目。该项目强制所有年温室气体排放量大于 25000 吨的企业报告其排放量。该项目所覆盖的污染源占美国全国总排放量的 85% ~90% 。由于每个公司都可能在不同区域开展多个石油和天然气项目，因此本研究将陆上石油/天然气生产地排放数据整合到公司级别。

一个公司的排放量和钻井活动紧密相关。所以，本研究从公司的年度报告中提取该公司的钻井数量。关于钻井数量的数据同排放量一样，仅涉及陆上钻井。我们还获得了获取、探测和开发支出的三年（2010 ~2012年）平均量。获取、探测和开发支出反映企业找到并获取石油储备的能力，也间接影响温室气体的排放。支付更高的收购成本就能找到更易开发的资源，所以带来更低的排放量。更高的发现和开发成本可能意味更高难度的开采过程，也就会在开采中产生更多排放。最后，本研究从COMPUSTAT 数据库获得企业的财政和运营数据。本研究中采用的数据可以具体总结如下。

（1）温室气体排放。一个公司陆上/近海生产的温室气体排放量，包括二氧化碳、甲烷（CH_4）和其他温室气体。

（2）员工人数。员工人数可以看作对公司规模的近似指标。较大的公司或许会有更多有助于温室气体减排措施的资源。

（3）资本支出。资本支出较高的公司在温室气体减排方面的投资可能更大。

（4）研发支出。这是评估公司技术能力的一个重要的测量指标。研发支出越高的公司开发更好的减排技术以实现更有效排放控制的可能性越大。

（5）总资产。总资产包括现有资产、财产、工厂及设备。和员工人数类似，总资产是评估企业规模的另一个指标。

（6）净钻井数量。给出公司一年的钻井数量，由公司每口井的经营权益加总而得。例如，一口井50%的权益算作0.5口井。

（7）营收。来自石油和天然气的营业收入，可代表公司的商业运营规模。

（8）获取、探测和开发成本。计算探明石油储量、获取资源以及探测和开发的成本。

本研究引入一个期望产出（$s = 1$）：总利润；一个非期望产出（$h = 1$）：温室气体的排放量；自然可处置性下的五个投入（$m^- = 5$）：员工人数；资本支出量；总资产；净钻井的数量；获取、探测和开发成本；管理可处置性下的一个投入（$m^+ = 1$）：研发支出总量。

在收集数据时，我们排除了所有在相关领域有数据缺失的公司。最后，我们收集了一个共含50个公司的数据集合（$n = 50$），其中包括43个独立公司和7个联营公司。这个数据集是由纽约证券交易所能源指数大致一半的公司组成。同时，这50个公司在美国生产过程中产生的总排放是8230万吨二氧化碳。

　　表格 3 - 1 总结了本研究运用的数据特征，包括平均值、标准差、最小值和最大值。平均来看，联营公司在各项数据上都比独立公司要高。联营公司的温室气体平均排放量为 684.9623 万吨，而独立公司的温室气体平均排放量是 77.54225 万吨，前者是后者的 8.8 倍。排放量最大的是埃克森美孚 ExxonMobil 公司，排放量为 2452.9 万吨，而加拿大能源公司 EnCana 的排放量最小，排放量为 11 万吨。联营公司平均每年钻 468 口井，比独立公司高 36%。但是，钻井量最大的 Occidental Petroleum 公司是独立公司，平均为每年 1411.2 口净钻井。

表 3 - 1　投入和产出变量的统计总结

模型投入与产出	期望产出	非期望产出	投入					
变量	营收	温室气体排放	获取、探测和开发	研发支出	总资产	资本支出	员工人数	净钻井数量
单位	百万美元	1000 吨	$ 每桶	百万美元	百万美元	百万美元	1000	个
独立公司								
平均值	6650.2026	775.4225	39.1163	271.5116	18534.2787	3527.6308	5.06	344.38
标准差	14103.9993	657.2929	25.1597	492.0496	28230.3581	4429.4995	11.49	337.93
最小值	356.1330	110.0000	7.0000	2.0000	1381.7880	485.4790	0.12	26.20
最大值	72556.0000	3521.8010	135.0000	1946.0000	129273.0000	20837.0000	60.24	1411.20
联营公司								
平均值	232695.4759	6849.6230	57.7143	1188.5714	187925.9490	19100.2316	51.65	468.00
标准差	189253.3820	8385.8624	16.3678	625.6942	153499.0642	14421.3860	34.10	328.60
最小值	28616.3310	558.7897	26.0000	60.0000	17522.6430	1369.0000	9.19	107.50
最大值	467153.0000	24519.1410	77.0000	1840.0000	360325.0000	34271.0000	87.00	951.00
总体								
平均值	38296.5409	1625.8106	41.7200	399.9000	42249.1126	5707.7949	11.58	361.68
标准差	104085.5747	3676.1641	24.8572	598.9874	84222.6042	8489.8539	22.85	336.12
最小值	356.1330	110.0000	7.0000	2.0000	1381.7880	485.4790	0.12	26.20
最大值	467153.0000	24519.1410	135.0000	1946.0000	360325.0000	34271.0000	87.00	1411.20

　　本研究首先计算综合效率、自然可处置综合效率、管理可处置综合效

率、自然和管理可处置综合效率以及自然和管理可处置综合效率（期望拥堵）。表3-2记录了这5种模型计算得到的效率得分和t检验法的p值，以验证之前对独立和联营石油公司的假设。这些独立公司当中在综合效率方面表现最差的公司是Forest Oil，在自然可处置综合效率方面最差的是Occidental Petroleum，管理可处置综合效率方面最差的是Cabot Oil & Gas，自然和管理可处置综合效率最差的是Chesapeake Energy，自然和管理可处置综合效率（期望拥堵）和一般效率最差的是Occidental Petroleum。在联营公司中，自然可处置综合效率表现最差的公司是Hess Corporation，而管理可处置综合效率最差的是Marathon Oil。另外，有7家公司在5种效率的测量中得分都达到1.0000，包括三家独立公司（BHP Billiton、EnCana和Ultra Petroleum）和四家联营公司［英国石油公司（BP）、雪佛龙（Chevron）、埃克森美孚（ExxonMobil）和荷兰皇家壳牌（Royal Dutch Shell）］。平均来看，Occidental Petroleum和Chesapeake Energy的效率得分较低。之所以表现较差，部分可以归结于他们大量开采页岩气。由于开采页岩井要采用耗能更高的水力压裂技术，页岩井的开发过程比传统井释放更多温室气体。[129] 有鉴于此，美国环保署于2012年发布新的规定，要求石油公司减少水力压裂造成的温室气体排放。另外，近年来天然气的低价也严重影响这些公司的收入。

总体上，独立石油公司的综合效率平均得分是0.9931，自然可处置综合效率平均得分是0.9312，管理可处置综合效率的平均得分是0.8321，自然和管理可处置综合效率的平均得分是0.9574，自然和管理可处置综合效率（期望拥堵）的平均得分是0.9724；而联营公司在以上几项平均得分分别为：1.0000，0.9785，0.8854，1.0000和1.0000。所以，联营公司在所有五项效率测量中都比独立公司的得分高。差异最大的是管理可处置综合效率，而差异最小的是综合效率。本研究对联营公司和独立公司的效率得分运用t检验法，检验前述假设。表格最终行的结果显示，联营

公司的综合效率、自然和管理可处置综合效率以及自然和管理可处置综合
效率（期望拥堵）比独立公司要高（p 值位于 1% 显著水平）。所以，本
研究表明应接受有供应链的联营企业比无供应链的独立企业业绩更高这一
假设。

表 3 - 2 的结果表示，石油公司的综合（运营和环境）业绩受到其供
应链的正面影响。事实上，四家效率最高的联营公司比独立公司拥有更多
品牌零售店。拥有更大零售网络的企业对消费者而言更加透明，所以导致
对综合业绩更高的市场压力。可以推测的是，下游的消费者压力会通过供
应链传递，从而对上游的勘探和生产的业绩产生影响。

3.4.4 投资策略

表 3 - 3 总结了对偶变量，以及收益亏损类型和投资策略。这些结果
都是由模型（3 - 11）的最优解获得。在表中，P、N 和 Z 分别代表正向、
反向和零收益亏损。总的来看，有 8 家公司被评定为正向收益亏损，6 家
公司为反向收益亏损，而 26 家公司为零收益亏损。出现字母"N"表示
存在潜在投资机会，可以根据之前总结出的规则进一步分类。特别的是，
字母"E"代表的是有效投资机会（efficient investment）。表示有限（但
仍然有效的）投资机会的字母"L"没有出现在表格中。最后一列的空白
和正收益亏损或者零收益相对应。空白的含义是，投资并不能增加个体公
司的综合效率。有 12 家独立公司和 4 家联营公司能提供有效的投资机会。
联营公司的有效投资机会的百分比是（57.14% = 4/7），高于独立公司的
比例（27.91% = 12/43）。也就是说，联营公司能比独立公司提供更好的
环保投资机会，联营公司进行投资会获得更好的效果。

表 3 - 2　综合效率计算结果

公司名	UE	UEN	UEM	UENM	UENM（DC）
独立公司					
Anadarko Petroleum Corporation	1.0000	0.7495	1.0000	1.0000	1.0000
Antero Resources LLC	1.0000	1.0000	0.7837	1.0000	1.0000
Apache Corporation	1.0000	0.7484	0.8878	0.9390	1.0000
Berry Petroleum Company	1.0000	1.0000	0.6758	0.9312	1.0000
BHP Billiton Group	1.0000	1.0000	1.0000	1.0000	1.0000
Bill Barrett Corporation	0.9999	0.9627	0.7163	0.9591	0.9904
Cabot Oil & Gas Corporation	1.0000	1.0000	0.6473	1.0000	1.0000
Chesapeake Energy Corporation	1.0000	0.7335	0.8467	0.8112	1.0000
Cimarex Energy Co.	0.9584	0.9683	0.7488	0.9713	0.9773
Concho Resources	1.0000	0.9156	0.8873	0.9196	0.9218
Conoco Phillips	1.0000	0.7910	0.7811	1.0000	1.0000
CONSOL Energy Inc.	0.9991	1.0000	0.8400	0.9760	0.9766
Continental Resources, Inc.	1.0000	0.9438	0.7977	0.9457	0.9495
Denbury Resources Inc.	0.9998	1.0000	0.8991	0.9758	0.9758
Devon Energy Corporation	1.0000	0.8070	0.6644	0.9479	1.0000
EnCana Corporation	1.0000	1.0000	1.0000	1.0000	1.0000
Energen Corporation	0.9999	0.9467	0.8391	0.9474	0.9503
EOG Resources, Inc.	1.0000	0.8622	0.7984	0.8836	0.8899
EP Energy LLC	1.0000	0.9725	0.7805	1.0000	1.0000
EQT Corporation	0.9967	0.9639	0.8401	0.9760	0.9781
EXCO Resources, Inc.	1.0000	0.9723	0.8253	0.9724	0.9999
Forest Oil Corporation	0.9277	0.9134	0.8418	0.9136	0.9281
Laredo Petroleum Holdings, Inc.	0.9997	1.0000	0.8886	1.0000	1.0000
Linn Energy, LLC	1.0000	1.0000	0.7266	0.9363	09444
National Fuel Gas Company	0.9824	0.9088	1.0000	0.9008	0.9015
Newfield Exploration Company	0.9552	0.9266	0.8115	0.9300	0.9350
Noble Energy, Inc.	1.0000	0.8978	0.7896	0.9520	1.0000
Occidental Petroleum Corporation	1.0000	0.6949	1.0000	0.8167	0.8192
PDC Energy, Inc.	1.0000	0.9878	0.7750	1.0000	1.0000
Pioneer Natural Resources Company	1.0000	0.8931	0.7334	0.9244	0.9398
Plains E & P Company	1.0000	1.0000	1.0000	1.0000	0.9142

续表

公司名	UE	UEN	UEM	UENM	UENM（DC）
QEP Resources，Inc.	0.9809	0.9410	0.7821	0.9410	0.9462
Quicksilver Resources，Inc.	0.9998	1.0000	0.8719	1.0000	1.0000
Range Resources Corporation	0.9999	0.9464	0.9061	1.0000	1.0000
Rosetta Resources Inc.	1.0000	1.0000	0.8031	1.0000	1.0000
SandRidge Energy，Inc.	1.0000	0.8932	0.6766	0.8917	1.0000
SM Energy Company	1.0000	0.9551	0.6941	0.9619	1.0000
Southwestern Energy Company	1.0000	1.0000	0.9359	1.0000	1.0000
Swift Energy Inc.	0.9998	0.9750	0.9152	0.9785	1.0000
Talisman Energy Inc.	0.9767	0.9146	0.8075	0.9230	0.9269
Ultra Petroleum Corporation	1.0000	1.0000	1.0000	1.0000	1.0000
Whiting petroleum Corporation	0.9485	0.9295	0.8398	1.0000	1.0000
WPX Energy，Inc.	0.9797	0.9311	0.7222	0.9402	0.9488
平均值	0.9931	0.9313	0.8321	0.9574	0.9724
最大值	1.0000	1.0000	1.0000	1.0000	1.0000
最小值	0.9277	0.6949	0.6473	0.8112	0.8192
标准差	0.0163	0.0825	0.1022	0.0473	0.0407
联营公司					
BP PLC	1.0000	1.0000	1.0000	1.0000	1.0000
Chevron Corporation	1.0000	1.0000	1.0000	1.0000	1.0000
Exxon Mobil Corporation	1.0000	1.0000	1.0000	1.0000	1.0000
Hess Corporation	1.0000	0.8498	0.7055	1.0000	1.0000
Marathon Oil Corporation	1.0000	1.0000	0.6733	1.0000	1.0000
Murphy Oil Corporation	1.0000	1.0000	0.8192	1.0000	1.0000
Royal Dutch Shell PLC	1.0000	1.0000	1.0000	1.0000	1.0000
平均值	1.0000	0.9785	0.8854	1.0000	1.0000
最大值	1.0000	1.0000	1.0000	1.0000	1.0000
最小值	1.0000	0.8498	0.6733	1.0000	1.0000
标准差	0.0000	0.0568	0.1496	0.0000	0.0000
Welch's t-检验	0.0085	0.0849	0.3937	0.0000	0.0001

表3-3　对偶模型计算结果

公司名称	对偶变量								DTR	投资
	营收	温室气体排放	获取、探测和开发	研发支出	总资产	资本支出	员工人数	净钻井数量		
独立公司										
Anadarko Petroleum Corporation	0.0000	0.0000	0.5936	0.0950	0.0004	0.0044	0.7119	0.0147	Z	
Antero Resources LLC	-0.0011	0.0000	3.3567	0.0311	0.0006	0.0022	1.6896	0.0878	N	E
Apache Corporation	0.0018	0.0001	0.0142	0.1942	0.0000	0.0001	7.2572	0.2511	P	
Berry Petroleum Company	0.0001	0.0001	0.1036	0.0555	0.0026	0.0186	0.4610	0.0050	P	
BHP Billiton Group	0.0002	0.0000	1.1654	0.2224	0.0002	0.0005	0.2067	0.4496	P	
Bill Barrett Corporation	0.0000	0.0000	0.0010	0.0001	0.0000	0.0000	0.0728	0.0001	Z	
Cabot Oil & Gas Corporation	-0.0010	0.0000	3.5498	0.0482	0.0007	0.0100	2.1386	0.0829	N	E
Chesapeake Energy Corporation	0.0025	0.0000	0.1458	0.0330	0.0001	0.0009	0.1857	0.0061	P	
Cimarex Energy Co.	0.0000	0.0000	0.0010	0.0001	0.0001	0.0000	0.0014	0.0001	Z	
Concho Resources	0.0000	0.0000	0.0010	0.0001	0.0000	0.0000	0.0014	0.0001	Z	
Conoco Phillips	-0.0001	0.0000	0.7317	0.1747	0.0000	0.0007	2.5243	0.2273	N	E
CONSOL Energy Inc.	0.0000	0.0000	0.0013	0.0001	0.0000	0.0000	0.0014	0.0001	Z	
Continental Resources, Inc.	0.0000	0.0000	0.0010	0.0001	0.0000	0.0000	0.0092	0.0001	Z	
Denbury Resources Inc.	0.0000	0.0000	0.0010	0.0001	0.0000	0.0000	0.0014	0.0001	Z	
Devon Energy Corporation	0.0022	0.0000	0.6130	0.1067	0.0002	0.0015	0.6841	0.0658	P	
EnCana Corporation	-0.0009	0.0000	2.6179	0.1984	0.0015	0.0013	1.4290	0.2933	N	E
Energen Corporation	0.0000	0.0000	0.0010	0.0001	0.0000	0.0000	0.0014	0.0001	Z	

续表

公司名称	对偶变量								DTR	投资
	营收	温室气体排放	获取、探测和开发	研发支出	总资产	资本支出	员工人数	净钻井数量		
EOG Resources, Inc.	0.0000	0.0000	0.0010	0.0001	0.0000	0.0000	0.0014	0.0001	Z	
EP Energy LLC	−0.0046	0.0000	0.0409	0.0534	0.0000	0.0006	32.3743	0.0196	N	E
EQT Corporation	0.0000	0.0000	0.0010	0.0001	0.0000	0.0000	0.0014	0.0001	Z	
EXCO Resources, Inc.	−0.0001	0.0000	0.0070	0.0076	0.0001	0.0488	0.1416	0.0588	N	E
Forest Oil Corporation	0.0000	0.0000	0.0010	0.0001	0.0000	0.0000	0.0014	0.0002	Z	
Laredo Petroleum Holdings, Inc.	0.0000	0.0000	0.0010	0.0002	0.0000	0.0000	0.0061	0.0001	Z	
Linn Energy, LLC	0.0000	0.0000	0.0010	0.0001	0.0000	0.0000	0.0014	0.0001	Z	
National Fuel Gas Company	0.0000	0.0000	0.0010	0.0001	0.0000	0.0000	0.0014	0.0001	Z	
Newfield Exploration Company	0.0000	0.0000	0.0010	0.0001	0.0000	0.0000	0.0014	0.0001	Z	
Noble Energy, Inc.	0.0019	0.0000	0.1567	0.1867	0.0001	0.0467	0.1438	0.0057	P	
Occidental Petroleum Corporation	0.0000	0.0000	0.0010	0.0001	0.0000	0.0000	0.0014	0.0001	Z	
PDC Energy, Inc.	0.0001	0.0000	0.4467	0.0931	0.0003	0.0057	1.8094	0.3986	P	
Pioneer Natural Resources Company	0.0000	0.0000	0.0010	0.0001	0.0000	0.0000	0.0014	0.0001	Z	
Plains E & P Company	0.0000	0.0000	0.0010	0.0001	0.0000	0.0000	0.0014	0.0001	Z	
QEP Resources, Inc.	0.0000	0.0000	0.0010	0.0001	0.0000	0.0000	0.0014	0.0001	Z	
Quicksilver Resources, Inc.	−0.0009	0.0000	2.1018	0.1040	0.0005	0.0062	2.1241	0.3420	N	E
Range Resources Corporation	−0.0057	0.0000	0.0132	0.2210	0.0081	0.0005	15.5337	0.0023	N	E

续表

公司名称	对偶变量								DTR	投资
	营收	温室气体排放	获取,探测和开发	研发支出	总资产	资本支出	员工人数	净钻井数量		
Rosetta Resources Inc.	-0.0056	0.0000	1.7752	0.0832	0.0050	0.0052	13.3544	0.0253	N	E
SandRidge Energy , Inc.	0.0038	0.0001	1.1917	0.0091	0.0004	0.0068	0.5981	0.0021	P	
SM Energy Company	-0.0051	0.0000	0.0108	0.2333	0.0079	0.0002	16.0648	0.0420	N	E
Southwestern Energy Company	0.0000	0.0000	0.0010	0.0001	0.0000	0.0000	0.0014	0.0001	Z	
Swift Energy Inc.	0.0000	0.0000	0.0010	0.0002	0.0000	0.0000	0.0097	0.0001	Z	
Talisman Energy Inc.	0.0000	0.0000	0.0010	0.0001	0.0000	0.0000	0.0014	0.0001	Z	
Ultra Petroleum Corporation	-0.0076	0.0000	0.0047	0.1951	0.0053	0.0008	23.8990	0.1390	N	E
Whiting petroleum Corporation	-0.0063	0.0000	0.0129	0.1517	0.0012	0.0376	21.3112	0.0046	N	E
WPX Energy, Inc.	0.0000	0.0000	0.0010	0.0001	0.0000	0.0000	0.0014	0.0001	Z	
联营公司										
BP PLC	-0.0016	0.0000	0.2816	0.0696	0.0011	0.0092	0.3624	0.1491	N	E
Chevron Corporation	0.0000	0.0000	0.0002	0.0000	0.0000	0.0000	0.0014	0.0000	Z	
Exxon Mobil Corporation	0.0000	0.0000	0.1146	0.0022	0.0001	0.0002	0.1695	0.0065	Z	
Hess Corporation	-0.0003	0.0000	0.1206	0.1538	0.0005	0.0045	0.4568	0.1886	N	E
Marathon Oil Corporation	-0.0016	0.0000	0.3081	0.0817	0.0020	0.0047	0.4492	0.0266	N	E
Murphy Oil Corporation	0.0000	0.0000	0.0010	0.0001	0.0000	0.0000	0.0014	0.0002	Z	
Royal Dutch Shell plc	-0.0011	0.0000	0.5164	0.0247	0.0004	0.0024	2.1316	0.1379	N	E

3.4.5 规模绩效

正如之前提到的，在石油行业中从勘探到对终端用户的零售服务是一个庞大复杂的过程，构成了整个行业的供应链。随着石油公司规模扩大，他们在规划和预测公司商业行为的时候会遇到越来越多的困难。这预示着很有必要从他们企业规模的角度来检查他们如何管理综合业绩。从之前的分析中可以看到，联营公司的规模比独立公司更大，所以他们的商业运营也就比独立公司更加复杂，面临更多困难。

为了调查企业规模的影响这个研究问题，本研究测验了两种情况下的自然和管理可处置综合效率（期望拥堵）程度：变量收益亏损和常量收益亏损。变量收益亏损的自然和管理可处置综合效率（期望拥堵）是在模型（3－9）中测量的。常量收益亏损的效率，或者说自然和管理可处置综合效率（期望拥堵），即 UNEM（DC）$_*$，是在模型（3－9）中去掉 $\sum_{j=1}^{n} \lambda_j = 1$ 这一等式限制条件之后测量所得。这两种测量方法的一个重要特点是两者都将技术创新用期望拥堵的形式表现。两者的区别体现在各自公式中的收益亏损类型。在决策单元中获得两种方法之后，规模绩效（期望拥堵）＝变量收益亏损的自然和管理可处置综合效率（期望拥堵）／常量收益亏损的自然和管理可处置综合效率（期望拥堵）。规模效率水平检测的是每个决策单元如何有效通过利用其规模进行运营。所以，可以认为规模绩效的水平代表决策单元规模利用率的水平。

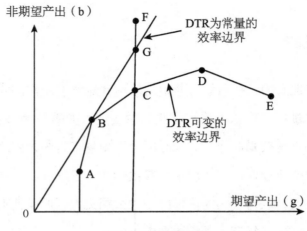

图 3-6　规模绩效

图 3-6 直观地描述了在收益亏损 DTR 为常量和变量下的效率边界的区别。一条连接 A、B、C、D、E 的轮廓线表示变量收益亏损下的效率边界，而从原点出发的直线表示常量收益亏损下的效率边界。因为决策单元 F 不在效率边界上，所以需要将其投射到两个效率边界上，分别得到 G 和 C。规模绩效（期望拥堵）检验的是每个决策单元怎样有效地在用可能出现的技术创新提升企业可持续性的情况下管理运营规模。规模绩效的计算方式是 F 和 G 之间的距离除以 F 和 C 之间的距离。

表 3-4 总结了所有独立和联营石油公司的 UNEM（DC），UNEM（DC）* 和规模绩效。独立公司的规模绩效平均值是 0.9864，而联营公司的规模绩效平均值是 1.0000。这项均值检验证明了在规模利用率上，联营公司比独立公司高出 1% 显著水平。结果说明，联营公司在扩大运营规模的时候可能遇到更多管理困难。但是，通过谨慎管理其大型供应链中从开采到零售的每个步骤，联营公司能有效地提高运营和环境业绩。

表3-4 规模绩效

公司名称	UENM（DC）	UENM（DC）*	UENM（DC）*/ UENM（DC）
独立公司			
Anadarko Petroleum Corporation	1.0000	1.0000	1.0000
Antero Resources LLC	1.0000	1.0000	1.0000
Apache Corporation	1.0000	1.0000	1.0000
Berry petroleum Company	1.0000	1.0000	1.0000
BHP Billiton Group	1.0000	1.0000	1.0000
Bill Barrett Corporation	0.9904	0.9875	0.9970
Cabot Oil & Gas Corporation	1.0000	1.0000	1.0000
Chesapeake Energy Corporation	1.0000	0.8884	0.8884
Cimarex Energy Co.	0.9773	0.9693	0.9917
Concho Resources	0.9218	0.9094	0.9865
Conoco Phillips	1.0000	1.0000	1.0000
CONSOL Energy Inc.	0.9766	0.9601	0.9830
Continental Resources, Inc.	0.9495	0.9395	0.9894
Denbury Resources Inc.	0.9758	0.9576	0.9814
Devon Energy Corporation	1.0000	1.0000	1.0000
EnCana Corporation	1.0000	1.0000	1.0000
Energen Corporation	0.9503	0.9410	0.9902
EOG Resources, Inc.	0.8899	0.8817	0.9907
EP Energy LLC	1.0000	1.0000	1.0000
EQT Corporation	0.9781	0.9665	0.9881
EXCO Resources, Inc.	0.9999	0.9693	0.9694
Forest Oil Corporation	0.9281	0.9279	0.9999
Laredo Petroleum Holdings, Inc.	1.0000	0.9666	0.9666
Linn Energy, LLC	0.9444	0.9404	0.9958
National Fuel Gas Company	0.9015	0.8868	0.9836
Newfield Exploration Company	0.9350	0.9276	0.9921
Noble Energy, Inc.	1.0000	1.0000	1.0000
Occidental Petroleum Corporation	0.8192	0.8102	0.9890
PDC Energy, Inc.	1.0000	1.0000	1.0000
Pioneer Natural Resources Company	0.9398	0.9386	0.9988

续表

公司名称	UENM（DC）	UENM（DC）*	UENM（DC）*/ UENM（DC）
Plains E & P Company	0.9142	0.8965	0.9806
QEP Resources, Inc.	0.9462	0.9378	0.9912
Quicksilver Resources, Inc.	1.0000	0.9847	0.9847
Range Resources Corporation	1.0000	1.0000	1.0000
Rosetta Resources Inc.	1.0000	1.0000	1.0000
SandRidge Energy, Inc.	1.0000	0.9168	0.9168
SM Energy Company	1.0000	0.9899	0.9899
Southwestern Energy Company	1.0000	0.9462	0.9462
Swift Energy Inc.	1.0000	0.9387	0.9387
Talisman Energy Inc.	0.9269	0.9154	0.9876
Ultra Petroleum Corporation	1.0000	1.0000	1.0000
Whiting petroleum Corporation	1.0000	1.0000	1.0000
WPX Energy, Inc.	0.9488	0.9457	0.9967
平均值	0.9724	0.9591	0.9864
最大值	1.0000	1.0000	1.0000
最小值	0.8192	0.8102	0.8884
标准差	0.0407	0.0444	0.0233
联营公司			
BP PLC	1.0000	1.0000	1.0000
Chevron Corporation	1.0000	1.0000	1.0000
Exxon Mobil Corporation	1.0000	1.0000	1.0000
Hess Corporation	1.0000	1.0000	1.0000
Marathon Oil Corporation	1.0000	1.0000	1.0000
Murphy Oil Corporation	1.0000	1.0000	1.0000
Royal Dutch Shell PLC	1.0000	1.0000	1.0000
平均值	1.0000	1.0000	1.0000
最大值	1.0000	1.0000	1.0000
最小值	1.0000	1.0000	1.0000
标准差	0.0000	0.0000	0.0000
t-test	0.0001	0.0000	0.0004

3.4.6 结论和拓展

为了评估企业可持续性，本研究讨论了 DEA 方法在环境评估方面的运用。该基于 DEA 的环境评估方法不仅能使企业领导和管理者了解企业可持续发展的水平，而且为他们提供如何投资技术创新来减少非期望产出的相关参考。作为实际应用的示例，本研究使用以上提出的方法来检验美国石油企业可持续发展水平。联营公司无论在上游还是下游都有强大的运营业务，而独立公司的商业运营只集中于上游。本研究发现联营公司比独立公司业绩更好，因为供应链作为前者的一部分，可以为其在运营和与消费者的直接接触中提供规模优势。所以，覆盖石油产业上游和下游的大型供应链提高了美国石油工业企业的可持续性水平。这说明决策者和企业管理者可以将纵向一体化视为获得更好的环境业绩的一个措施或可能的原因。以上研究没有探究政策法规是否会影响石油公司业绩。理论上来说，这样的政策影响可能在该工业的运营中是存在的。遗憾的是，由于本研究所研究的是供应链是否对石油公司的业绩产生影响，所以没有探究政策影响。

就方法而言，前述基于 DEA 环境评估方法有四点限制。第一，提出的 DEA 方法假定所有的综合效率方法的最优解都是唯一确定的。第二，本研究未将时间范围加到 DEA 环境评估的计算框架里。第三，本研究没有讨论规模收益、规模亏损和收益亏损的分析特性。第四，本次实践研究只涉及美国的石油工业。如何从美国拓展到其他石油输出国家并证明本研究获得结论的广泛有效性，也是重要的研究课题。

3.5 跨行业环境绩效评估

在这部分中，我们对各行业的环境绩效进行跨行业评估。首先，我们介绍模型的数据来源、样本构造、投入和产出概念。其次，我们解释环境效率模型、运行效率模型和综合效率模型以及投入和产出之间的关联性分析，从而证明投入和产出选择的合理性。然后，我们展示六个行业的环境效率、运营效率和综合效率的实证研究结果。

3.5.1 数据来源和样本选择

本次研究中的主要数据来源包括碳排放信息披露项目和 COMPUSTAT 数据库。实证研究中，信息的准确性和可信度一直是令人担忧的问题。碳排放信息披露项目已采取了多种措施以增强数据的可信度。为提高数据的完整性和准确度，碳排放信息披露项目要求企业高管在提交答案之前签字确认。碳排放信息披露项目还要求调查对象说明其企业排放水平是否已经得到第三方机构认证。在本研究中，我们重点关注已经获得温室气体排放第三方认证的公司。

原始的碳排放信息披露项目数据覆盖多个国家的多个行业，我们的研究重点关注美国的工业行业。聚焦于单一国家可以回避国家层面的差异性。此外，美国的工业行业是重要的温室气体排放源。我们研究中的数据来源于 2012～2013 年标准普尔指数 500 公司。尽管最早的碳排放信息披露项目数据可追溯到 2003 年，但是因为早期的数据在某些关键变量上统计并不完整，故我们选择关注 2012～2013 这两年的数据。同时，因为研究的时间范围较短，我们能够较好地控制这两年的技术进步的可能趋势。

我们在碳排放信息披露项目中获取的数据包括公司的直接和间接温室气体排放水平、减排投资、相应的减排量以及碳减排投资节省的成本等。在整理数据的过程中，我们也需要解决缺失数据的问题。在被调查的企业中，一些公司拒绝提供其气候变化绩效的相关具体信息。我们没有将缺失部分的信息默认为 0，而是决定排除那些拒绝披露上述领域数据的公司。最终，我们获得了 2012～2013 年标准普尔指数 500 公司的 162 个观察样本。数据中涵盖了 101 家不同的企业，其中 76 家报告了 2012 年数据，86 家报告了 2013 年数据，61 家同时报告了这两年的数据。根据全球行业分类标准，我们将这 162 个决策单元划分为六个行业。这些数据中包括通用汽车等非必需消费品行业，百事公司等必需消费品企业，辉瑞公司等医疗企业，波音公司等工业企业，谷歌和英特尔等信息技术企业和美国铝业公司等原材料企业。本研究中我们排除了能源和公共事业行业，这是因为这些行业处于受监管的运营环境中，其政策环境同其他行业有较大区别。

我们在 COMPUSTAT 数据库中收集了这 162 个观察样本的运营特征和经济表现相关数据。为评估环境和运营绩效，我们需要确定合适的投入和产出。我们用 M 和 N 分别表示管理可处置投入和自然可处置投入，用 D 和 UD 分别代表期望产出和非期望产出。具体而言，所选投入和产出数据描述如下。为评估环境绩效，我们确定使用下列投入和产出变量。

一减排投资（M）：指某公司为减少温室气体排放投入的年度总投资数。

一减排量（D）：指某公司实施温室气体减排投资后，现有排放水平下的年度温室气体减排量。

一成本节约（D）：指某公司实施温室气体减排投资后现有成本水平下的年度节约资金数目。

一直接排放（UD）：指某公司所拥有的所有工厂设施的碳排放总量，

即范围 1 碳排放。

——间接排放（UD）：指某公司购买的电力、蒸汽、供暖、冷却等服务产生的碳排放量，即范围 2 碳排放。

为评估运营绩效，我们使用下列投入和产出变量。

——研发成本（M）：指一个公司在研发方面的总投资量。研发成本可作为评价其技术能力的标准。研发支出较高的公司开发和实施节能减排技术的可能性更大。

——总资产（N）：这是企业规模的一种衡量标准，包括现有资产、财产、工厂和设备。

——员工数量（N）：这是企业规模的另一种衡量标准。大型企业可能拥有更多用于开发和实施温室气体减排策略的资源。

——销售成本（N）：所出售产品的生产总成本。

——销售（D）：某公司出售其产品及提供服务获得的收入。

——净收入（D）：某公司除支出和损失之外的收入。

表 3-5 显示的是本次研究使用数据的统计总结，包括平均值、标准差、最小值和最大值。如表 3-5 所示，六个行业中，材料行业的平均直接和间接碳排放量最高，分别为 6402290.0 吨和 4234180.8 吨。由于排放量较高，材料行业的平均减排投资额最高，达 206543000 美元。然而，从运营角度看，材料行业的投入和产出远低于其他行业，这就意味着该行业在实施减排计划方面可能面临着较大挑战。其他行业中，信息技术行业的直接碳排放最低，为 128788.5 吨，医疗行业的间接碳排放最低，为 379072.2 吨。尽管这两个行业温室气体排放量较低是可以理解的，也不排除有可能这两个行业在控制碳排放方面具有特殊的出色表现。统计数据的巨大差异让我们意识到各个行业现有的减排技术和气候变化压力有很大不同。为控制行业差异性，我们的研究进一步将投入

和产出数据标准化，用行业调整指数而非原始数据作为模型中的投入和产出变量。行业调整指数指的是某一变量的实际值与该变量的行业平均值之间的比率。我们用这些指数代表投入和产出，将其运用在 DEA 模型当中。DEA 模型给出三种绩效：环境绩效、运营绩效和综合绩效。以环境绩效为例，其 DEA 模型表达式如下：

$$\text{EEM}: \min 1 - \frac{1}{F} \sum_{f=1}^{F} \frac{d_f^b}{b_{fk}^B}$$

$$s.\,t. \quad \sum_{j=1}^{J} x_q^M j \mu_j - d_q^M = x_{qk}^M (q = 1, \cdots, Q)$$

$$\sum_{j=1}^{J} b_{fj}^B \mu_j + d_f^B = b_{fk}^B (f = 1, \cdots F)$$

$$\sum_{j=1}^{J} g_{aj}^E \mu_j - d_a^E = g_{ak}^E (a = 1, \cdots, A)$$

$$\sum_{j=1}^{J} \mu_j = 1$$

$$\mu_j \geqslant 0 (j = 1, \cdots, J)$$

$$d_q^M \geqslant 0; d_f^B \geqslant 0; d_a^E \geqslant 0$$

在上述模型中，k 是被评估的一个决策单元，h 是非期望产出的数量。$X_j^M = (x_{1j}^M, x_{2j}^M, \cdots, x_{Qj}^M)^T$ 是管理可处置方法下的投入集合。$G_j = (g_{1j}^E, g_{2j}^E, \cdots, g_{sj}^E)^T$ 和 $B_j = (b_{1j}^B, b_{2j}^B, \cdots, b_{Fj}^B)^T$ 是环境期望产出和非期望产出集合。这些都是列向量，集合内部元素均为正数。d_q^M 代表管理可处置方法下的投入松弛变量，d_f^B 和 d_a^E 是非期望产出及环境期望产出松弛变量。μ_j 是强度向量，即决策单元 DMU_j（$j = 1, 2, \cdots, J$）的对应权重。

表3-5 统计数据

投入和产出			环境非期望产出		环境期望产出		管理可处置性输入		自然可处置性输入			运营期望产出	
变量			直接排放	间接排放	减排量	成本节约	研发成本	减排投资	总资产	员工数	销售成本	销售	净收入
单位			吨	吨	吨	1000$	百万$	1000$	百万$	1000	百万$	百万$	百万$
可选择消费品													
均值			800419.4	1659876.3	12124.1	14907.4	1855.3	91423.7	51596.6	91.4	39177.3	47861.8	2736.9
标准差			873188.7	1849083.9	16913.3	31387.6	2883.4	249016.5	69254.5	75.6	48898.0	58169.0	4296.3
最小值			5985.0	17422.0	142.0	78.0	125.0	1077.0	4131.0	5.5	1913.0	4089.0	129.5
最大值			2454755.0	5531380.0	63373.7	111252.2	8124.0	1001865.0	190554.0	213.0	132229.0	152256.0	15443.4
必须消费品													
均值			620300.2	530649.7	21492.4	9056.4	145.2	53390.5	14884.4	45.5	7198.1	14578.0	1402.9
标准差			1103120.6	545169.9	71164.6	24282.6	148.1	126299.6	19756.6	79.3	7668.0	17231.3	1578.4
最小值			15753.0	58204.0	61.0	15.3	14.0	311.0	3258.0	4.9	1408.0	3901.0	278.7
最大值			3980007.0	2016774.0	330000.0	110000.0	552.0	490000.0	74638.0	297.0	29071.0	66504.0	5879.2
医疗保健													
均值			267094.0	379072.2	10480.4	2742.1	3037.9	18303.7	43797.3	37.8	4578.0	20613.5	1781.0
标准差			387996.6	412241.5	18663.2	4357.8	3000.9	40108.1	50419.8	36.5	4653.4	20710.7	1610.9
最小值			7232.0	18420.0	7.0	7.3	133.0	21.0	2499.0	4.5	213.0	2141.0	38.4
最大值			1402528.0	1256664.0	88789.0	19840.2	9112.0	208235.0	188002.0	127.6	17882.0	67425.0	6012.4
工业													
均值			360475.8	512845.6	8057.3	3221.6	737.2	24538.6	24326.5	65.5	15835.3	21225.5	1492.1
标准差			957082.5	422364.3	12517.6	3848.4	940.0	26889.8	25412.4	58.9	17424.2	21531.6	1291.2

续表

投入和产出			环境非期望产出		环境期望产出		管理可处置性输入		自然可处置性输入			运营期望产出	
变量			直接排放	间接排放	减排量	成本节约	研发成本	减排投资	总资产	员工数	销售成本	销售	净收入
单位			吨	吨	吨	1000S	百万S	1000S	百万S	1000	百万S	百万S	百万S
最小值			8682.0	25422.0	22.1	131.0	15.0	122.0	688.0	3.1	611.0	922.0	77.7
最大值			5532844.0	1756275.0	63203.0	17056.2	3918.0	106672.0	89409.0	218.3	67095.0	81698.0	4714.7
信息技术													
均值			128788.5	430299.5	51385.5	15908.2	1653.3	58999.7	20857.9	40.8	7198.7	14856.7	1344.0
标准差			269476.3	639091.9	194353.7	44214.0	2352.4	119000.4	31829.8	66.6	15848.5	24607.4	2253.8
最小值			34.0	11049.0	15.0	26.7	25.0	2.0	1172.0	2.8	496.0	9160	18.2
最大值			897759.0	2331048.0	1103350.0	201718.0	10148.0	516570.0	129517.0	349.6	93397.0	127245.0	9826.6
原材料													
均值			6402290.0	4234180.8	16424.8	14589.6	266.0	206543.0	17546.2	34.2	9056.0	13131.8	693.5
标准差			8898212.9	5428293.5	38719.3	25239.4	545.4	273405.2	14512.4	20.9	7968.9	10397.3	644.0
最小值			53927.0	88525.0	0.1	1.0	13.0	308.0	3250.0	5.7	1075.0	2505.0	73.2
最大值			30628104.0	16659736.0	177000.0	82000.0	2067.0	880000.0	49736.0	70.0	25841.0	38437.0	2753.7
总体													
均值			1265793.7	1135600.9	21362.8	9498.5	1349.8	68240.0	27829.8	49.9	11873.8	20257.6	1509.7
标准差			4052900.7	2555617.1	96148.2	26683.5	2227.2	160689.3	38964.1	60.1	21304.1	27681.9	2068.5
最小值			34.0	11049.0	0.1	1.0	13.0	2.0	688.0	2.8	213.0	916.0	18.2
最大值			30628104.0	16659736.0	1103350.0	201718.0	10148.0	1001865.0	190554.0	349.6	132229.0	152256.0	15443.4

表 3 - 6　相关性统计

变量	研发成本	减排投资	总资产	员工数	销售成本
销售	0.808	0.585	0.936	0.891	0.873
净收入	0.803	0.564	0.837	0.733	0.701
减排量	0.463	0.529	0.499	0.408	0.328
成本节约	0.534	0.71	0.517	0.389	0.407
直接排放	0.302	0.583	0.387	0.426	0.539
间接排放	0.339	0.695	0.473	0.491	0.614

为确保所选投入能够解释所产生的产出，我们在使用模型之前实施了相关性检验。投入和产出的皮尔森（Pearson）相关系数结果如表 3 - 6 所示。我们发现，自然和管理可处置投入、运营和环境期望产出以及环境非期望产出之间都呈显著的正相关，统计上显著程度达到 1%。特别的是，直接排放、间接排放和减排投资之间呈正相关，这似乎表明高排放企业在减排方面的投资往往较高。并且，在环境方面，减排投资与减排量以及成本节约之间的关联度分别为 0.529 和 0.71。至于运营方面，我们发现销售额和净收入这两个产出项目同总资产、员工数量和出售产品成本这三个投入项目之间的关联度大于 0.5。总体上，通过表 3 - 6 可以确定，用五种投入（两种管理可处置投入和三种自然可处置投入）和六种产出（两种运营期望产出、两种环境期望产出和两种环境非期望产出）来评估运营和环境绩效是合理的。

表 3 - 7　行业绩效总结

行业	运营绩效	环境绩效	综合绩效	样本量
非必需消费品	0.7196	0.2915	0.4536	16
必需消费品	0.8597	0.1667	0.5677	22
医疗保健	0.8670	0.5233	0.6562	32
工业	0.7273	0.1893	0.4339	33
信息技术	0.7711	0.3869	0.5949	35
原材料	0.7564	0.2111	0.4405	24
总体	0.7859	0.3082	0.5337	162

3.5.2 实证研究结果

表 3 - 7 显示的是环境绩效、运营绩效和综合绩效模型的总结性结果。第一栏代表六个行业，第二栏和第三栏分别代表环境绩效、运营绩效和综合绩效模型测试的六个行业的运营效率分数和环境效率分数。表 3 - 7 显示，医疗保健行业的运营绩效最佳（0.8670），必需消费品行业次之（0.7196）。同时，医疗保健行业的环境绩效也是最佳（0.5233）。除了医疗行业，信息技术行业的环境绩效排在第二位（0.3869）。需注意的是，必需消费品行业的运营效率虽排在第二位，但其环境绩效（0.1667）表现排在最末位。

第四栏提供了综合效率模型测得的平均综合效率分数。我们观察发现，医疗行业的综合效率最高（0.6991），或许是因为其运营和环境效率均排在六个行业首位。相反，原材料行业的综合绩效最低（0.4840），其平均环境绩效低达 0.2111。工业行业综合效率（0.4956）排在倒数第二位，这是其较差的环境效率表现（0.1893）造成的。

尽管这一对比结果让我们对各个行业的绩效情况有了大致了解，我们也必须通过对比行业内部竞争对手情况来评估单个公司的绩效。因此，我们按行业将公司进行分类，获得了六个行业各个公司的运营、环境和综合效率。也就是说，我们针对每个行业的公司逐个展开了三种效率模式计算。接着，我们利用方差系数（coefficient of variance，简称 COV）表示某个行业中各个公司效率表现的离散程度。方差系数是表示平均值周围的数据点的离散程度的统计量，其定义为标准差与平均值的比值。方差系数越高，代表某一行业的跨公司绩效变化越大。表 3 - 8 显示了六个行业三种效率表现的方差系数。

表 3 - 8　行业绩效相关性分析

行业	运营绩效	环境绩效	综合绩效
非必需消费品	0.0584	0.3964	0.2157
必需消费品	0.0963	0.6183	0.1928
医疗保健	0.1401	0.5422	0.2543
工业	0.0911	0.6289	0.2093
信息技术	0.1193	0.7321	0.2767
原材料	0.1474	0.4664	0.2022
总体	0.1088	0.5641	0.2252

　　一个有趣的发现是，信息技术行业以 0.3869 的平均环境效率分数排在六个行业的第二位（见表 3 - 7），而且该行业的平均环境效率离散程度为六个行业最高，达到 0.7321（见表 3 - 8）。这表明信息技术行业的某些企业在碳减排计划方面的表现相当差。通过检验具体每家企业的绩效结果，我们发现一些公司（飞兆半导体、德州仪器）的环境效率表现最差，其 2012 年和 2013 年的平均环境效率分数均低于 0.1（见信息技术行业公司表现）。仔细检验德州仪器公司数据之后，我们发现其 2012 年和 2013 年直接排放水平是行业平均水平的 5~6 倍（2012 年和 2013 年分别是 6.25 和 5.76），间接排放水平是行业平均水平的 3 倍（2012 年和 2013 年分别是 3.05 和 3.27），但其减排数量和节约资金都远低于行业平均水平（2012 年和 2013 年均处于 0.7 和 0.8 之间）。另外，其 2012 和 2013 年温室气体减排投资仅为行业平均水平的 1.31 倍和 1.42 倍。飞兆半导体公司仅参与了 2013 年的调查。我们发现，其直接排放大约达到行业平均水平（1.08），但其减排投资远低于行业平均水平（0.00006）。因此，根据行业分析，我们发现信息技术行业的环境效率表现离散程度最高，这是由其极低的减排投资造成的。总之，信息技术行业的研究表明，尽管这一行业的整体环境效率表现比较出色，但行业内部公司的表现严重不一致，某些公司水平远远落后于该行业的平均水平。

　　本研究的贡献主要包括以下几个方面。第一，本研究在两种主流文献之间建立了联系：一种认为环境保护会削弱企业的运营绩效，另一种认为环境保护能够提高运营绩效。特别的是，实证研究结果显示，各个行业的运营效率与气候变化绩效均无显著联系。第二，本研究在运营绩效、环境绩效和综合绩效测量方面取得了很大进展。笔者发现有一小部分企业（162 个观察对象中的 24 个）能够在两个方面同时取得出色表现。跨行业研究为政策制定者选择温室气体排放控制对象提供了指导建议。特别的是，研究发现工业行业和原材料行业的排放水平较高，但其综合效率较低。这一结果表明这两个行业需要进一步作出改进。非必需消费品行业和必需消费品行业的气候变化绩效明显落后于其运营效率，这一结果表明这两个行业或许还未受到政策制定者的足够关注，且或许可以利用某些已普遍采用的方法来应对气候变化且改善其绩效。

3.5.3 对各行业的启示

我们的研究显示各行业内部及行业之间的气候变化和综合绩效存在很大差异。跨行业比较或可为政策制定者和企业管理层带来缩小行业绩效差距方面的启示。研究行业内部的差异则可将优劣表现进行区分，将表现良好的公司筛选出来，为其他公司树立榜样。

在开始讨论政策启示之前应该简要审视能够影响企业绩效的因素。在实践中，企业的经营业务可以受到不同运营方面监管规定的影响。碳排放信息披露调查要求调查对象确定现有的和潜在的监管风险因素。最显著的风险因素包括碳交易计划（如欧盟碳排放交易、区域温室气体倡议等）、强制排放披露（如美国环保署温室气体报告计划）、产品能效规定（如美国的企业平均燃料经济性标准，Corporate Average Fuel Economy，简称 CAFE）等。针对每一种风险因素，调查对象还需报告预计何时会产生影响、影响属于直接还是间接型以及影响程度大小等。根据实证研究结果，我们下面对六个行业的绩效和减排机会作出进一步评估。

　　必需消费品行业三个效率度量分数均处于中等水平。这个行业大部分由汽车供应链中的汽车制造商和零部件供应商组成。在碳排放信息披露项目调查中，该行业的企业频繁表示其最大的风险来源于产品能效方面逐渐加强的监管压力，如美国的企业平均燃料经济性标准及其他国家的各类标准。因此，必需消费品企业往往将注意力放在提高产品能效上。然而，效率计算结果表明，该行业企业或许缺乏对其自有设施温室气体排放给予足够关注的动力和压力。这就说明，尽管政策制定者应该继续推动加强产品能效法规，但他们或许也需要更加注重设施排放问题。对数据和调查回复内容进行仔细检验有助于确定减排机会。该行业的平均间接碳排放（1659876.3 吨）是直接碳排放（800419.4 吨）的两倍多，且间接排放主要是因为建筑能源消耗造成的。因此，通过分布式能源减少间接碳排放是本行业可以采纳的减排办法。在各个企业中，Hasbro 在 2012 年和 2013 年的综合效率均排在首位。Hasbro 曾获环保署颁发的 2014 年气候领导奖，在温室气体减排方面作出了表率。环保署特别赞赏 Hasbro 所采纳的屋顶保温和暖通空调（HVAC）升级方法，这些都是降低间接排放的有力措施。由于 Hasbro 是本行业的楷模，我们认为政策制定者应该探索 Hasbro 成功降低直接和间接碳排放水平的方法。政策制定者可对其程序和记录在案的标准进行进一步研究，归纳并推广具有可实施性的方法，从而对整个行业产生正面影响。

　　尽管必需消费品行业因经营表现较为出色处于中等综合效率水平，其气候绩效表现为六个行业中最差水平。而且，碳排放信息披露项目调查显示，尽管该行业企业会被各种监管规定影响，但这些影响都是间接的且力度较小。经营绩效和气候绩效之间的巨大差异表明，该行业在实现温室气体减排方面或许面临着较大困难。我们发现，该行业的几家公司很可能正在将其注意力转向气候变化方面。比如，可口可乐和高乐氏公司（Clorox）在 2012 年和 2013 年的环境绩效处于最佳水平。可口可乐公司承认气候变化对公司的运营和经济状况有巨大威胁。为此，该公司已开始用可再生能源卡车代替柴油车，提高制造过程的能效，并重新设计产品以减少碳排放。高乐氏公司是 2015 年美国环保署气候领导奖的得主，并因制订积极有效的减排目标受到特别赞誉。因此，我们建议政策制定者探索该行业在处理气候变化问题时所面临的困难。根据调查结果，现有及潜在的排放规定不太可能对该行业公司的运营产生重大影响。考虑到上述特征，政策制定者或可依靠公众和市场的压力，敦促该行业各公司优化生产程序并参与到减排创新活动当中。如果能够精心设计强制性排放报告计划，则可激发更大的公众压力。比如，美国环保署的温室气体报告项目已涵盖了该行业的若干设施（如通用磨坊食品公司在加利福尼亚的洛代工厂、凯洛格公司在密歇根的巴特尔克里克工厂）。但该行业的绝大部分设施排放量都未达到美国环保署设定的报告门槛。若报告门槛更低一些，则可能会对必需消费品行业产生更大影响。

医疗保健和信息技术行业在六个行业中的环境效率和综合效率表现最佳。碳排放信息披露项目收集的数据表明，除被欧洲温室气体排放交易系统涵盖的少数几家企业之外，这两个行业的大多数企业表示政策监管的影响都是潜在的或间接的。但如我们前面所讨论的，行业内不同企业间的绩效差异不容忽视。这两个行业的环境和综合效率最佳的公司是 Celgene 和思科系统公司。Celgene 减排的主要措施是参与建筑能效倡议。思科公司 85% 的直接和间接温室气体排放都来源于电力的使用，因此该公司将减排重点放在绿色能源的生产和采购上。由于这两个行业内部各公司的环境绩效存在较大差异，尤其是信息技术行业，政策制定者或可鼓励思科和 Celgene 等表现优异的公司向行业内其他公司分享其实际经验和采用的技术，从而在全行业实现更为一致的气候绩效，改善总体表现。

在我们调查的六个行业中，工业和原材料行业的综合绩效最低。工业行业的大部分企业都已表明它们的运营面临直接应对气候变化的政策监管的风险。然而，公司普遍认为这些风险即使发生，对企业的影响也较低，也就是说缺乏来自监管者的压力。这些企业中，HNI 集团的环境效率最高，罗克韦尔柯林斯（Rockwell Collins）公司的综合效率最高。原材料行业的直接温室气体排放量（6402290.0 吨）高于间接温室气体排放量（4234180.8 吨）。大多数原材料行业的企业已经明确表示它们面临较低或中等程度的监管风险的影响。同时值得注意的是，碳交易机制对大多数企业都有中等程度的影响。在这些企业中，Praxair 公司的环境效率最佳，Sealed Air 公司的综合效率最佳。该行业的较差绩效表现或许是不合理的减排技术投资造成的。碳排放信息披露项目调查报告显示，能效技术是材料企业最常采用的技术。然而，能效技术这种能够同时改善经营绩效和气候绩效的技术具有一定的局限性。[130] 因此，对于这两个行业，政策制定者应进一步加强温室气体减排的监管规定。同时，这两个行业的企业管理层应更积极认真地考虑成本高但减排作用也大的排放控制方法（如碳捕获和存储技术），从而改善现有的环境绩效。

总之，我们根据这六个行业的绩效评估和单个企业的碳排放信息披露项目调查结果，为政策制定者和企业管理者推荐可取的策略和方法。我们相信，如果能对每个行业的绩效、风险态度和面临的困难有更全面的了解，就能制定出更有效的气候变化政策和监管规定。

对行业的绩效评估研究还可进一步扩展。首先，学者、企业管理者和政策制定者可进一步调查各企业之间效率差异背后的原因。发现原因有助于表现欠佳的企业更好地分配资源，从而提高经营和气候变化方面的竞争力。为此，我们需要获得企业所采用的气候保护投资措施的更详细数据。其次，大多数企业只是近期才开始将气候变化因素纳入其企业策略。因此，数据的有限性使我们必须将此次研究限定到两年的范畴。若能够获得长时间段的数据，我们便能够针对经营绩效和气候变化绩效的历史变化规律进行深入研究。

第 4 章　应对气候变化的技术管理

4.1 应对气候变化技术的分类

  一个企业的环境技术组合由不同的技术组成，常见的环境技术包括污染控制（pollution control）、生态效率（eco-efficiency）、绿色设计（green design）、低碳能源（low-carbon energy）和管理系统（management system）等。每种技术在运作方式和环境影响方面表现各异。为实现运营和环境两方面的目标，设计和采用正确的技术组合至关重要。鉴于温室气体引起的气候变化已成为人类社会面临的最大的环境挑战之一，联合国建立的政府间气候变化专门委员会呼吁全球企业广泛运用各类气候影响技术，力争把全球平均气温增幅控制在 2°C 内。现实生活中，许多企业已开始采用各种技术应对气候变化。例如，可口可乐公司声明，为了应对气候变化，可口可乐将用可再生能源卡车逐步替代传统的柴油车队，提高制造过程的能源效率，并重新设计产品包装以减少温室气体排放。这一系列不同的技术构成了一个环境技术组合（technology portfolio）。组合中的不同技术可以通过不同的机制减少温室气体排放量，并影响企业运营的不同方面。本章将探讨环境技术组合背后的管理驱动力和环境技术组合对企业绩效的影响。

  首先，利用美国企业的数据，我们研究在应对气候变化方面，具体的管理因素如何影响环境技术投资组合。这些因素包括企业内部职责分配、激励机制和管理态度。为开展这项研究，我们收集了美国企业提交给碳排放信息披露项目的数据。作为世界上最大的企业气候变化数据库，碳排放信息披露项目的目标是通过改变商业模式，控制气候变化危险，保护全球自然资源。碳排放信息披露项目已经成功促使世界各地数以千计的企业披露其相关信息。我们的研究聚焦于2011年至2013年美国企业的910个观察样本。气候变化意识的显著提升助长了对各种环境技术的需求，包括安装温室气体捕捉设备，提高能源和材料的使用效率，[131]使用低碳能源替代传统能源，[131]绿色产品设计和包括员工培训和排放报告等环境管理制度的推广等。[132]根据文献和碳排放信息披露数据，我们能够总结出企业所采用的五种类型的技术，即污染控制、生态效率、绿色设计、低碳能源、管理系统。我们使用不同方面的各种衡量标准来分析环境技术投资组合。投资组合的规模由总投资和主动采取的各类技术措施的种类两方面因素来表示。投资组合的组成由每种技术的投资比例、绝对投资额以及技术的类型数来表示。

以下将对技术的分类做进一步说明。过去的研究用不同的方法将环境技术/创新划分为互不重叠的类别。最常见的做法是将环境技术分为管理系统、污染防治和污染控制三类。[130]管理系统技术改变运营管理方式，例如，温室气体监控和报告、员工培训、设定排放目标。污染防治技术是通过修改现有的工艺或产品以减少或消除污染物。典型的污染防治技术包括改造建筑物和提升能源效率，重新设计采用环境友好型材料的产品，以及使用低碳能源。推行污染防治技术需要在清洁技术方面进行结构性投资。污染控制技术，也被称为末端治理技术（end-of-pipe，简称EOP），通过在现有生产过程的末端添加清洁设备和工序来捕捉、处理和消除污染物。由于污染控制技术作用于过程末端，其不会对现有的过程产生干扰。典型的污染控制技术包括焚烧、回收、过滤和催化污染物。虽然这三种分类说明了各类技术的主要区别，但有时需要对企业环境技术投资组合进行更细分类。早期文献中所描述的污染防治技术的范围过于宽泛，在本研究中，我们提议将其进一步划分为三种技术：生态效率、绿色设计和低碳能源。这三种技术加上污染控制和管理系统技术组成了我们研究中提到的五种技术。下面我们将详细介绍这五种环境技术。

与污染控制技术只减少排放不同，生态效率技术能够在降低排放的同时提高经济效益。[133]生态效率技术的目标是通过减少同等数量产出或服务所需的能源和材料投入来减少温室气体排放量。例如，辉瑞公司在 2013 年的碳排放信息披露项目报告中说，该企业投资了 1156 万美元升级了大楼的控制、照明和空调系统，以节省能源。生态效率技术属于预防性措施的范畴，即在产生污染之前就减少排放。与污染控制技术只减少排放不同，生态效率技术能够在降低排放的同时提高盈利。[133]

绿色设计技术旨在通过改变设计来减少产品的温室气体排放量，通常包括用可持续性材料替代富含碳的材料使产品更节能和更容易回收。产品的温室气体排放量通常以产品全生命周期分析为基础，采用如 ISO 14040 等确定的标准进行计算。作为绿色设计技术的一个实例，百事公司在 2013 年的碳排放信息披露项目报告中提到，其投资了 3000 万美元开发碳足迹更低的自动售货机并采用可持续性的包装材料，减少了其产品的温室气体排放量。我们注意到，绿色设计技术主要作用于产品，而生态效率技术作用于生产过程。

低碳能源技术主要指通过诸如太阳能、风能和生物燃料等清洁能源来取代煤炭石油等传统能源。企业可以通过自行安装能源生产设备或通过市场采购获得清洁能源。例如，辉瑞在 2013 年的碳排放信息披露项目报告中称，该企业完成了 6 个屋顶的太阳能项目，成本为 347 万美元。绿山咖啡企业在 2013 年的碳排放信息披露项目报告中称，该企业承诺将通过远期合同购买价值 127 万美元的可再生能源生产的电力。

污染控制技术，也称末端治理技术，指通过在现有流程的末端添加清洁设备和工序来捕捉、处理和去除污染物。典型的污染控制技术包括末端焚烧或甲烷回收，以及对 N_2O 和氢氟碳化物的催化分解。[134] 例如，CMS 能源公司在 2012 年的碳排放信息披露项目报告中说，该企业已经安装了新设备并增加了维护工序，以捕捉并回收在天然气储存和输送操作中泄漏的甲烷。梅溪木材企业在 2013 年的碳排放信息披露项目报告中称，该企业已经启动了一个投资 4000 万美元的碳捕捉和封存项目。专家指出，对大多数企业来说，污染控制技术可能相对污染防治技术更缺乏吸引力，因为污染控制技术的实施成本比回收物的价值要高。[135]

管理系统技术通过调整运营方式来减少温室气体排放。[133] 与其他技术不同的是，管理系统技术主要由"软方法"组成，即通过组织创新推动应对气候变化问题。典型的管理系统技术包括温室气体监控报告，培训员工提高气候变化意识等。例如，Ryder 系统公司向碳排放信息披露项目提交的 2013 年报告中称，该企业已经启动了针对所有员工的可持续性挑战计划，以提高员工的气候变化意识。

同时，本研究旨在回答如下问题：企业的技术组合对其经济和环境绩效有什么影响？本研究以资产收益率（return on assets，简称 ROA）表示经济绩效，以碳生产力（carbon productivity）表示环境绩效。注意，温室气体排放披露项目中涉及的技术专门用于减缓气候变化，因此研究所得环境绩效数据也仅在气候变化的背景下适用。

我们发现，将气候变化的职责赋予企业更高等级的岗位上，可以促进绿色设计技术的使用。通过制度将金钱激励和企业管理人员在应对气候变化方面的表现挂钩，能正面推动环境技术投资组合的规模、污染控制和生态效率技术的应用。非金钱激励有效地促进了生态效率技术的使用。企业对气候变化风险的态度对投资组合中生态效率技术的比例会产生负面影响。结果表明，企业在构建投资组合时，应考虑管理因素对环境技术投资组合的差异性影响，以达到预期的经济和环境绩效。

4.2 管理因素和环境技术投资组合

图 4 – 1 说明了我们的研究框架,即将企业管理因素与环境技术投资组合相结合。我们考察的管理因素包括责任分配、激励政策和风险态度。我们对投资组合进行了建模,既采用如整体规模之类的综合性指标,也运用分类型指标,如每种技术的投资比例。同时,我们也研究技术组合对公司绩效的影响。下面详细阐述了模型所揭示的相互关系的逻辑和动机。

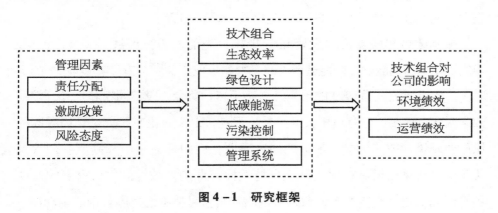

图 4 – 1　研究框架

4.2.1 管理因素和环境技术投资组合规模

大量研究表明,来自管理层的支持和承诺对于赢得广泛支持和为引进新技术提供充足资源至关重要。[136]后面我们将讨论具体的管理因素以及这些管理因素可能影响环境技术投资组合规模的作用机制。

管理责任和环境技术投资组合规模:很多企业认识到气候变化问题的重要性,但他们应对挑战的方式却各不相同。具体来说,企业内直接负责气候变化问题的岗位不同,在采用(环境)技术方面的决策权重也可能不同。实际上,我们可以看到不同的企业将气候变化减缓计划相关事务授予不同的管理层。例如，在 2013 年，史密斯菲尔德食品企业向 CDP 报告称，该企业将气候变化问题交由雇员和公共责任委员会负责。通用汽车企业表示，其董事会公共政策委员会负责气候变化问题。可口可乐企业将职权交由首席可持续发展官。在斯伦贝谢则是发展副总裁的职责。可见，减缓气候变化的直接责任分属企业治理结构的不同层级。

我们相信，在企业层级中，更高的职位意味着能更强的获取资源、信息和资金的能力。更高的职位也自然代表着更强的在不同职能部门间协调沟通的能力。因此，我们假定，在企业治理结构中负责气候变化问题的职位的层级，代表着企业管理层对该问题的重视水平。更高的职位意味着该企业更有可能实施更广泛的气候变化技术投资组合。

激励政策和环境技术投资组合规模：先前的研究提供了实验性证据，说明设定适当的激励可以促进个人的努力和表现。[137],[138]在环境管理相关的文献中，实证研究证明 CEO 的报酬（包括工资，奖金，股票期权等）和环境绩效之间既有正相关也有负相关的关系。但是，很少有论文研究过环境导向的激励对环境绩效的影响。最近的研究表明，面向普通中层和高层管理人员明确的金钱激励措施在促进环境可持续性方面的有效性。[139]研究表明对中层管理人员进行直接的金钱激励可以增加其在可持续性发展方面的主动性。

现实中，企业可以通过提供金钱或非金钱激励来奖励在企业内部促进提升可持续性发展能力的活动。与基本工资不同，这些激励措施通常取决于绩效。例如，通用汽车企业在 2013 年的报告中指出，该企业为企业管理团队、业务部门经理、能源经理和员工提供了金钱激励，以实现节能和碳减排目标。凯洛格企业报告称，2013 年其首席执行官、业务部门经理和设备经理的绩效工资和能源、温室气体和用水量的削减目标相挂钩。因此，基于学术研究成果和企业实践，我们提出，气候变化绩效相关的金钱激励与环境技术投资组合的规模呈正相关。

之前的研究表明，非金钱激励可以改善工作动机和绩效。[140]例如，通用汽车企业在绩效评估中采用如表彰或奖励等非金钱激励措施，激励所有员工遵循能源使用标准。凯洛格企业通过设置凯洛格价值观奖来奖励员工。我们因此推定，提供非金钱激励政策能促进气候变化缓解技术的实施。

风险态度和环境技术投资组合规模：日益加剧的气候变化压力，给企业带来了各种风险，包括监管风险[141]，声誉风险[142]，以及气候变化风险。在本研究中，我们将监管风险、声誉风险和气候变化风险综合归纳为单一风险衡量标准。[143]研究支持上述的整合方式，同时表明管理人员感受到的其作为"利益相关者"的压力可以在一个维度上进行分析。早期的实证研究发现，监管压力对推动环境技术的使用有正向的影响。[86]来自消费者的压力也会积极推动环境保护。[6]与物理气候变化相关的风险判断也和环境方面的措施相关联。[144]企业对气候变化相关风险高低的判断可以作为其对待环境技术态度的合理评估。如果企业的决策者认为气候变化的风险很高，他们将更积极地采用环境技术来缓解这一问题。因此，我们推定企业对气候变化风险的态度与环境技术投资组合的规模呈正相关。

4.2.2 管理因素和环境技术组合

在本节中，我们将研究特定的管理因素如何推动企业采纳不同类型的技术。文献表明，特定的管理因素会影响企业的技术偏好。[145]然而，据我们所知，还没有人在环境技术投资组合的背景下研究过管理因素和技术组合的关联。我们认为，研究管理因素与技术组合构成之间的联系将有助于企业制定更适当的管理政策以应对气候变化的挑战。

污染控制技术的驱动因素：在上述的五种技术中，污染控制技术对管理的吸引力较低。这是因为其成本高昂，通常无法提供足够的经济回报来弥补成本。此外，研究人员指出，污染控制技术通过安装末端设备来清洁排放后产生的污染物，效果通常比污染防治技术更明显，后者是在生产过程中嵌入防污染流程。[146]同时，有研究表明，金钱激励可能会促使员工将工作重心转移到更容易觉察的任务上。[147]此外，污染控制技术为企业提供了一种向外界展示其重视和积极应对气候问题的媒介。因此，我们预期金钱激励政策的实施与污染防治技术的运用呈正相关。

有研究发现，企业意图通过采用末端污染控制技术来展现其环保意识。展示环保意识的主要目的是减轻来自决策者、监管机构和客户的压力。[130]此外，尽管污染控制措施从经济角度来说可能并无吸引力，但在强烈的外部压力下，企业仍可能将其作为控制排放的有效手段。因此，那些认为气候变化风险更高的企业更有可能采用污染控制技术，或者作为一种展示环境意识的手段，或者作为遏制排放的最后手段。我们由此假设企业对气候变化的风险态度与使用污染控制气候变化缓解技术正相关。

生态效率技术的推动因素：生态效率技术通过减少能源或原料的投入来减少或消除温室气体的排放。其同时提高了环境绩效和经济绩效。因此，生态绩效技术得到了广泛的应用，得到了管理层的大力支持，即使管理层并非从解决环境问题的角度出发。有研究指出，企业并非因监管机构和客户等外部利益相关者的压力而采用生态效率技术。[82]因此，企业认为的气候变化风险并非推动采用生态效率技术的重要驱动力。正如先前的文献所指出的那样，生态效率技术往往是复杂的解决方案，涉及现有流程的结构性改变，因此可能需要比污染控制技术更长的时间才能实现绩效。[130]在生态效率和灵活性之间也需要权衡。为采用生态效率技术，相对末端污染控制技术，企业可能需要克服更多的障碍。

绿色设计技术的推动因素：绿色设计技术通常需要大量的投资，甚至从根本上改变生产过程。现有文献发现，监管和市场压力等外部因素可以推动绿色设计技术的引进和使用。此外，新产品的设计需要在不同部门之间进行协调，因此最好由具有更多权威和资源的管理人员来指导。绿色设计的可行性取决于高层管理人员的批准和支持。因此，我们假设，如果对气候变化的直接责任被置于企业的组织层级更高的位置，那么绿色设计更有可能被使用。

低碳能源技术的推动因素：低碳能源，如太阳能、风能、水能和生物燃料，可以提供电力、燃料、热能和机械能。虽然预计各种低碳能源将在减缓气候变化的过程中发挥关键作用，但低碳能源的平均成本（如能源从生产到消耗的全部成本）仍然高于现有技术条件下的传统能源。[148] 因此，从纯粹的经济成本角度来说，低碳能源在当前并不是一项令人满意的技术。为了促进低碳能源的使用，政策制定者经常求助于监管手段，如指定使用。一直以来，监管风险和消费者压力一直与低碳能源投资相联系。因此，我们预计企业对气候变化的风险态度与低碳能源技术使用呈正相关。

管理系统技术的推动因素：与其他技术不同，管理系统技术如温室气体监控和员工培训项目都是不直接减少温室气体排放的软措施。此外，管理系统技术作为先决条件，为进一步的减排行动提供了基础。由于这些管理系统技术专门针对温室气体排放，它们的经济绩效比较有限。因此，一家不太重视气候变化问题的企业不太可能实施管理系统技术。所以我们推定，企业对气候变化的风险态度与管理系统技术的使用正相关。

4.3 数据分析与结论

本研究利用了从碳排放信息披露项目和 COMPUSTAT 数据库取得的美国代表性企业 2011 年至 2013 年的数据。尽管最早的碳排放信息披露数据可以追溯到 2003 年，但碳排放信息披露项目在 2011 年之前并未收集技术投资数据。为进行本研究，我们从碳排放信息披露数据中提取了 2011 年至 2013 年所有美国企业的年度数据。这构成了有 1135 个观测结果的样本。然后，我们把该样本与从 COMPUSTAT 中获得的企业特征数据进行匹配。在匹配过程中，因为 COMPUSTAT 只提供上市企业的数据，我们必须删除碳排放信息披露数据库中非上市企业的数据以完成匹配。最终，我们获得了一个由 362 家企业构成的，涵盖 910 个企业年度观测结果的研究样本。其中，有 248 家企业有三年的完整数据，52 家企业有两年，62 家企业只有一年的数据。表

4-1总结了该样本的行业和年度分布。其中行业按照产业标准分类代码（standard industrial classification，简称 SIC）进行划分。

表 4-1　企业样本分布

行业 SIC 代码	行业名称	样本量	年份		
			2011	2012	2013
10	金属开采	12	3	4	5
13	油气开采	30	10	10	10
16	重型建筑（房屋建筑除外）承包商	4	1	1	2
20	食品	56	18	19	19
21	烟草制品	9	3	3	3
24	木材及木制品（家具除外）	11	3	3	5
25	家具和固定装置	13	4	5	4
26	纸及相关产品	24	7	8	9
28	化学及相关产品	89	29	29	31
29	石油精炼及相关产业	9	3	3	3
30	橡胶和各种塑料产品	6	2	2	2
33	原生金属业	9	2	3	4
34	金属制品	9	3	3	3
35	工业和商务机器，以及计算机设备	52	15	17	20
36	电子及其他电器设备和组件（计算机设备除外）	79	23	27	29
37	运输设备	26	8	8	10
38	测量、分析和控制仪器；影像、医疗和光学产品	39	11	13	15
39	各种制造业	5	1	1	3
40	铁路运输	9	3	3	3
42	汽车货运和仓储	5	1	1	3
44	水运	5	2	2	1
45	空运	12	4	4	4
48	通信	25	7	9	9
49	电力、燃气和卫生服务	76	25	26	25
51	非耐用品批发贸易	7	1	2	4

续表

行业 SIC 代码	行业名称	样本量	年份		
			2011	2012	2013
52	建筑材料、五金、园艺用品和移动住宅零售商	5	1	2	2
53	综合超市	14	4	5	5
54	食品店	11	4	4	3
56	食品和配件店	9	3	3	3
58	食品和饮料场所	11	3	4	4
59	零售店	14	5	5	4
60	储蓄机构	37	11	12	14
61	非储蓄信贷机构	9	3	3	3
62	证券和商品经纪人、零售商交易和服务	25	8	7	10
63	保险行业	41	12	15	14
64	保险代理、经纪人和服务	6	2	2	2
65	房地产	8	2	3	3
67	股份持有及其他投资办事处	15	3	5	7
70	酒店、寄宿房屋、营地及其他寄宿地	7	2	2	3
73	商业服务	63	16	22	25
75	汽车修理、服务和停车	7	2	2	3
87	工程、会计、研究、管理和相关服务	7	2	2	3
总计		910	272	304	334

4.3.1 变量设定

我们用三种不同的方式对技术投资组合建模，通过不同的视角可以观察投资组合的各个方面。第一种方法通过计算每种技术在总投资中的投资比例来获取投资组合的组成，用变量 PropTech 表示（这里 Tech 指代 PollCon、EcoEff、GreenDesign、LowCarbon、ManageSys 中的一种）。这种方法给出了各类技术之间的资金分配。第二种方法是用资本投资的大小来代表技术组合，用变量 InvTech 表示。然而，这两种方法都存在数据缺失问题。在样本中，大约30%的项目没有被企业报告其投资额，我们需要在分析中剔除它们。

我们仔细审查了没有投资数据的项目，发现这些项目与有报告投资数据的项目相比微不足道，而剔除这些项目不太可能导致偏颇的结果。然而，如果对某些项目的投资额很大，忽视它们可能会有问题。因此，我们提出了第三种方法作为预防措施，即尽管以投资为基础来衡量投资组合似乎更合适，但我们仍需要用技术的数量作为补充。先前的研究中也采用了类似的方法。[6] 基于类似的方式，我们用 TotalInv 和 TotalNum 来表明投资组合的规模，即代表对所有类型的技术的总投资以及所有技术的项目总量。

对管理因素的量化方式如下：

责任：这指某组织中负责气候变化政策的最高级别的职位。碳排放信息披露项目要求被调查者指出最高的责任是否委托给（1）董事会的个人/团体或董事会任命的其他委员会，（2）高级管理人员，或（3）其他管理人员，如首席可持续发展官（chief sustainability officer，简称 CSO）。该变量用 Responsibility 表示。我们将上面的答案分别量化为 2、1 和 0，这样一个更高的值代表了一个在公司的内部层级中和董事会更接近的职位。

激励：该变量代表该企业有没有提供激励、提供是金钱激励和/或非金钱激励（非金钱激励通常包括内部肯定和奖励）。企业的激励政策有两个需要刻画的变量，金钱激励和非金钱激励，分别用 Monetary 和 NonMonetary 表示。如果企业为气候变化的表现为管理层提供金钱激励，那么其值为 1，如果没有，则为 0。非金钱激励也是以同样的方式处理。

风险：一个企业对气候变化的各类风险的态度是通过一系列同气候变化相关的不同类型风险的问题来体现的。有三类风险：监管、市场和物理气候变化。每一类风险都被进一步分解为子类型。对于每种子风险类型，企业报告风险的可能性、风险对企业运营的影响以及风险的时间范围。我们以监管风险为例来说明如何量化风险。具体来说，碳排放信息披露项目会询问企业下列问题："请描述由监管所导致的风险，包括可能性和影响程度"。我们通过可能性和影响来构建一个对监管风险的量化指标。碳排放信息披露项目要求被调查者评估风险的可能性，从"非常不可能"到"几乎确定"共八个等级。我们用从 0 到 7 的整数来量化答案，0 是"非常不可能"，"7"是"几乎肯定"。如果一个被调查者回答"未知"，我们会给它赋平均值 3.5。监管一旦发生，其影响程度从低到高分为 5 级。最小值取 1，最高值取 5。监管风险的最终度量值设置为可能性与影响程度的成绩。风险的度量值设定为所有类型风险度量的平均值。该变量用 Risk 表示。

4.3.2 控制变量

我们把其他可能影响气候变化缓解技术采用的因素设为控制变量，具体如下。企业的规模预计会对环境技术的采用产生积极影响，因为大企业比小企业有更多的资源来实施应对气候变化计划。我们用总资产的自然对数来代表企业规模，用 Assets（Log）表示。先前的研究表明，企业的技术能力可以影响企业的业绩和环境创新。我们纳入研发强度指标，即研发费用和销售的比率，以代表企业的技术能力，用 R&DIntensity 表示。在过往实证研究的基础上，我们用 0 来代替缺失的研发费用的数值。现有的研究表明，资产年龄可以影响环境管理实践和环境绩效。[6,146] 和早期的研究一样，[6] 我们将资产年龄定义为毛资产与总资产的比率，毛资产计算基于总资产、累计折旧和摊销的总和。资产年龄用变量 AgeAssets 表示。研究表明，企业的杠杆率会影响企业的投资决策和业绩。杠杆规模根据企业的长期负债和总资产的比值来计算，用变量 Leverage 表示。一家企业对减排的投资决策可能取决于其目前的温室气体排放量。因此，我们引入了碳强度这一概念，定义为直接和间接的总排放量和总资产的比值。变量 CarbonIntensity 表示碳强度。我们还使用一个二进制变量 Target 来表示企业是否设定温室气体排放目标。该变量可从碳排放信息披露数据库中提取。我们通过在相关的模型中纳入虚拟年份（year dummies）和 1 位数的 SIC 虚拟产业（industry dummies）两个指标，来控制不同年份和不同行业的影响。

表 4 - 2 总结了全部数据中各个变量的统计结果。超过 90% 的观察样本中至少采用一项气候变化行动。请注意，TotalNum 的第 10 和第 25 百分位数值是 0，但是对于 TotalNum，它们大于 0，因为样例中有些项目缺少投资数据。平均而言，每个观察样本包含 5.322 个技术投资，其中有 0.396 个是污染控制技术、2.83 个生态效率技术、0.144 个绿色设计技术、0.536 个低碳能源技术和 0.366 个管理系统技术。生态效率技术占总投资的 41.2%，是所有技术中投资最大的一项。绿色设计技术占总投资的 1.3%。62.6% 的观察样本中使用金钱激励，金钱激励措施比非金钱激励措施更为普遍，非金钱激励措施的比例为 42.2%。表 4 - 3 显示了一些关键变量的相关系数。金钱激励似乎与污染控制技术有正向的联系。风险与污染控制和低碳能源技术有正向的关系。我们还发现责任与绿色设计技术之间存在正向的联系。

表 4 - 2　变量的统计信息

变量	平均值	标准差	百分位数				
			10th	25th	50th	75th	90th
TotalInv	1741477	11665456	0	0	3291	67500	1030846
TotalNum	5.322	5.420	1	2	4	7	11
InvPollCon	99048	1204372	0	0	0	0	245800
PropPollCon	0.048	0.192	0	0	0	0	0.013
NumPollCon	0.396	1.226	0	0	0	0	1
InvEcoEff	1031095	8332362	0	0	1100	20010	500000
PropEcoEff	0.412	0.450	0	0	0.101	1	1
NumEcoEff	2.830	3.736	0	1	2	4	6
InvGreenDesign	300842	5371361	0	0	0	0	0
PropGreenDesign	0.013	0.104	0	0	0	0	0
NumGreenDesign	0.144	0.557	0	0	0	0	1
InvLowCarbon	106570	1736205	0	0	0	0	113260
PropLowCarbon	0.101	0.263	0	0	0	0	0.503
NumLowCarbon	0.536	0.978	0	0	0	1	2

续表

变量	平均值	标准差	百分位数				
			10th	25th	50th	75th	90th
InvManageSys	1276671	34009574	0	0	0	0	11.11
PropManageSys	0.025	0.119	0	0	0	0	0.010
NumManageSys	0.366	0.779	0	0	0	1	1
ROA	0.058	0.062	0.004	0.023	0.055	0.090	0.134
CarbonProductivity	372.950	1076.628	7.107	17.909	45.259	168.929	731.716
Responsibility	0.578	0.494	0	0	1	1	1
Monetary	0.626	0.484	0	0	1	1	1
NonMonetary	0.422	0.494	0	0	0	1	1
Risk	2.830	3.736	0	1	2	4	6

表 4 – 3　变量间相关性统计

变量	1	2	3	4	5	6	7	8	9	10	11	12
1 TotalInv	1.00											
2 PronPollCon	−0.01	1.00										
3 PropEcoEff	0.04	−0.38	1.00									
4 PropGreen-Design	−0.01	−0.05	−0.20	1.00								
5 PropLowCarbon	−0.02	−0.11	−0.54	−0.06	1.00							
6 PropManageSys	−0.01	−0.07	−0.20	−0.02	−0.10	1.00						
7 Responsibility	−0.04	0.05	−0.03	0.09	−0.06	0.04	1.00					
8 Monetary	0.03	0.03	−0.02	0.02	0.00	0.01	0.15	1.00				
9 NonMonetary	0.04	−0.05	0.04	−0.02	−0.01	0.02	0.14	0.29	1.00			
10 Risk	0.09	0.13	−0.15	−0.02	0.07	0.07	0.15	0.21	0.18	1.00		
11 ROA	0.00	−0.11	0.06	0.06	−0.01	−0.02	0.01	0.04	0.05	−0.06	1.00	
12 CarbonProductivity	−0.01	0.23	−0.15	−0.02	0.03	−0.04	0.15	−0.08	−0.10	0.21	−0.15	1.00

4.3.3 分析方法

　　在我们的分析中，我们运行了两种类型的回归。第一种是对企业所有年度观察样本的整体进行回归分析（pooled panel regression）。第二种回归是运用企业在 2011 ～ 2013 年的综合或平均量进行横截面回归（cross-sectional regression）。在这种回归中，我们把范围限制在这三年内都向碳排放披露项目报告的企业，这构成了由 248 家企业数据组成的样本。请注意，第二种回归中会用到所有年份的数据，但每个企业只产生一个样本。

我们首先研究管理因素如何影响气候变化技术投资组合的整体投资。按照通常的处理方法，我们在随后的回归中对投资数额进行对数变换。第一种回归普通最小二乘回归模型（OLS 方法），并辅以面板修正标准差方法（panel-corrected standard error，简称 PCSE）。面板修正标准差方法使我们能够对每个企业的各类投资进行自动校正。[149]由于使用 PCSE 要求至少对一家企业进行两次观察，我们删除了 62 家只在样本中报告过一次的企业，并对其余 848 个企业年的观察样本进行了回归分析，回归模型如下：

$$Log(TotalInv_{it}) = \beta_0 + \beta_1\, Responsibility_{it} + \beta_2\, Monetary_{it} + \beta_3\, NonMonetary_{it}$$
$$+ \beta_4\, Risk_{it} + \beta_K\, Controls_{it} + \beta_Y Year + \beta_I Industry + \epsilon_{it}。$$

$$(4-1)$$

在回归方程（4-1）中，下标 i 表示企业，下标 t 表示年份。控制变量包括总资产的对数、研发强度、资产年龄、金融杠杆、目标和碳排放强度，所有指标都在 t 年取样。为了避免零投资的情况，我们在计算对数时在 TotalInv 中加上了数字 1。我们还使用 2011 ～ 2013 年的总投资作为因变量，来运行 OLS 横截面回归。

正如前面所讨论的，用全部投资代表技术投资组合可能会产生偏差的结果，因为在部分气候变化项目中缺少投资值这一参数。因此，我们以气候变化技术的数量作为投资措施的补充。作为从属变量的气候变化技术的数量由一个非负整数计数，因此我们需要使用计数模型对其分析。有两种常见的计数模型，泊松模型和负二项式模型（negative binomial 模型）。我们在泊松模型和负二项式模型之间进行了过度分散测试。[150]该测试返回一个重要的统计值（$\chi^2 = 88.706$），其 p 值远小于 0.01，证明使用负二项式模型的合理性。负二项式模型具体为：

$$\text{TotalNum}_{it} \sim Poisson(\lambda_{it})$$
$$\lambda_{it} = \exp(X_{it}\beta + \epsilon_{it}) \qquad (4-2)$$
$$e^{\epsilon_{it}} \sim Gamma\left(\frac{1}{\alpha}, \alpha\right)$$

其中，TotalNum 表示所采用的技术的总量，X_{it} 表示在模型（4-1）中的解释、控制和虚拟变量的向量，β 是要估计的系数向量。我们还通过聚合数据进行了横截面回归。因变量是 2011～2013 年使用的技术总数，所有其他变量都取平均值。

然后，我们研究管理因素中如何影响每种技术的投资比例。我们基于 PCSE 方法进行了 OLS 回归，模型如下所列：

$$PropTech_{it} = \beta_0 + \beta_1 Responsibility_{it} + \beta_2 Monetary_{it} + \beta_3 Nonmonetary_{it}$$
$$+ \beta_4 Risk_{it} + \beta_K Controls_{it} + \beta_Y Year + \beta_I Industry + \epsilon_{it}$$
$$(4-3)$$

在模型（4-3）中，因变量 PropTech 表示投资在某一特定技术中的比例，而控制变量与模型（4-1）相同，我们也使用投资的绝对量作为因变量来进行回归，如下所示：

$$Log(InvTech_{it}) = \beta_0 + \beta_1 Responsibility_{it} + \beta_2 Monetary_{it} + \beta_3 Nonmonetary_{it}$$
$$+ \beta_4 Risk_{it} + \beta_K Controls_{it} + \beta_Y Year + \beta_I Industry + \epsilon_{it}$$
$$(4-4)$$

请注意，在上述模型中，由于投资数据分布的倾斜特征，我们采纳常用的处理方法对因变量 InvTech 进行了对数转换。

我们将每种技术的数量 NumTech 作为因变量来运行负二项式模型。我们还评估了 248 家企业样本的横截面回归。为了获得投资的比例，我们将 2011～2013 年对每项技术的投资进行加总，并计算其和总投资规模的比值。通过对 2011～2013 年每项技术的投资额和数量进行加总，计算出投资和计量数据。我们也注意到某些技术只适用于特定的行业，因此在计算时要对样本进行筛选。具体来说，正如早期文献所指出的，大多数服务性企业都不适用污染控制技术。[151] 所以，在研究污染控制技术时，我们将样本限制在 SIC 产业分类中二位代码在 20～39 的制造业企业上。同样，绿色设计技术只适用于生产最终产品的企业。和之前的研究一样，我们根据 SIC 产业标准分类 4 位数字代码识别相关企业。[6] 具体来说，如果任何一个有 4 位 SIC 代码的企业报告了绿色设计技术，那么在相同的 4 位 SIC 代码领域的企业就会被保留在样本中。如不存在上述情况，该 SIC 产业标准分类中 4 位代码下的产业均予以剔除。我们将绿色设计技术的研究限制在被保留下来的这些企业中。所有的模型都用 R 软件包来估计。

4.3.4 结果分析

在本节中，我们将研究环境技术组合的决定因素。我们的研究结果对决策者和企业管理层具有重要意义，他们可以在构建理想的技术组合时考虑这些决定因素。

表 4-4 报告了解释变量对总投资和技术数量的影响。如预期一样，责任系数有正向的影响，但是这种正向的影响仅对于技术的总数量存在较大意义。因此，在企业层级中，负责气候变化问题的人员位置越高，采用技术的数量也越高，但不一定代表总投资更高。在横截面回归中，金钱激励有正向作用，p 小于 0.1。在样本整体的回归中，金钱激励与总投资和技术总数量呈正相关，两者的关联非常显著，p 小于 0.01。这为我们的推

测提供了强有力的支持，即金钱激励是鼓励使用环境技术的有力工具。非金钱激励和风险与在整体回归和横截面回归中使用的技术数量有显著的正相关。非金钱激励与总投资呈正相关，但这种关系并不重要。风险对总投资来说也有积极意义，但联系强度很弱。因此，结果表明，非金钱激励和风险态度推动了技术数量增长，但不一定转化为真正的投资。同样值得注意的是，就总投资而言，金钱激励的系数大于非金钱激励。在控制变量中，我们发现资产和目标在几乎所有的回归中都与总投资和技术数量有显著的正相关。在整体回归中，资产年龄与环境技术投资组合的两项指标有显著的负相关。杠杆率与技术投资组合的规模是负相关的。关于控制变量的结果与先前文献中的发现基本一致。

表 4 – 4 技术投资组合规模的影响因素

因变量	Log （TotalInv）		NumTech	
	全样本	横截面回归	全样本	横截面回归
截距	2.960 *	– 15.179 * *	– 1.935 * *	3.188 * * *
	(1.795)	(5.995)	(0.766)	(0.465)
Responsibility	0.074	0.292	0.110 *	0.184 *
	(0.403)	(0.708)	(0.058)	(0.104)
Monetary	1.473 * * *	1.161 *	0.178 * * *	0.213 *
	(0.426)	(0.712)	(0.063)	(0.123)
NonMonetary	0.565	0.972	0.299 * * *	0.191 *
	(0.397)	(0.652)	(0.058)	(0.114)
Risk	0.043	0.091 *	0.013 * * *	0.031 * * *
	(0.032)	(0.052)	(0.005)	(0.009)
控制变量				
Assets （Log）	0.555 * * *	0.850 * * *	0.030 * * *	0.018
	(0.141)	(0.233)	(0.026)	(0.037)
R&DIntensity	4.425	1.941	– 0.490	– 0.850
	(3.279)	(5.568)	(0.579)	(0.850)
AgeAssets	– 5.615 * * *	– 0.554	– 1.386 * * *	– 0.266
	(1.789)	(3.282)	(0.366)	(0.459)
Leverage	– 0.143	– 0.993	– 0.295	– 0.610

因变量	Log（Totalinv）		NumTech	
	全样本	横截面回归	全样本	横截面回归
	(1.467)	(2.453)	(0.265)	(0.400)
Target	1.825***	2.225**	0.249***	0.221*
	(0.441)	(0.907)	(0.085)	(0.135)
CarbonIntensity	0.450	16.748	0.128	0.254
	(0.289)	(4.497)	(0.119)	(0.184)
Year Dummies	Yes	No	Yes	No
Industry Dummies	Yes	Yes	Yes	Yes
N	848	248	848	248
Adiusted/Pseudo R^2	0.111	0.179	0.149	0.094

注：括号中数字是标准错误。

* p < 0.1；** p < 0.05；*** p < 0.01。

接下来，我们将考察责任、激励政策和风险态度对技术投资组合构成的影响。回归的结果显示在表4-5中。对于每一项技术，我们都用三方面情况表示：投资比例 PropTech、绝对投资数额的对数（InvTech），以及与技术对应的项目的数量 NumTech。对于 PropTech 和 InvTech，我们采用 OLS 回归进行分析。对于 NumTech，我们使用负二项式模型进行分析。

对于污染控制技术，我们将样本限制在417个观察值上，这些企业都属于 SIC 产业标准分类中2位编码介于20和39之间的制造业部门，且 2011~2013年在碳排放信息披露数据库中至少有两条数据记录。正如预期，金钱激励与污染控制的投资比例、污染控制技术的投资总量、采用的污染控制技术的数量存在显著的正相关关系。与我们的预期一致，我们发现对气候变化的风险态度与所有三种污染控制技术都有显著和正向的联系。这进一步证实了我们的推测，即认为气候变化风险较弱的企业不太可能使用污染控制，因为污染控制技术在经济上不具有吸引力。

在生态效率技术方面，我们发现金钱激励与投资比例、投资和技术运用的数量存在显著且正向的联系。因此，我们已经发现了对我们的预判强有力的支持，我们的预判是金钱激励会推动对生态效率技术的投资。一项有趣的分析结果是，风险对生态效率计划的数量有显著而正向的影响，但对生态效率的投资比例却有显著而负面的影响。这一结果进一步为横行回归和可替代回归规范的强度检验结果所肯定。这表明，从气候变化中觉察到较高风险的企业，相对于总投资而言，对生态效率技术的投资较少。一个看似合理的解释是，生态效率技术通过减少投入和浪费来降低温室气体排放的方法有其局限性。因此，风险较高的企业倾向于使用其他在经济上不太理想但更有效的减排技术。

对于绿色设计技术，我们需要将注意力集中在能够生产最终产品的企业上。经过筛选，我们挑选出 423 个观察样本。这些样本包含在 2011 ～ 2013 年生产过最终产品，并向碳排放披露项目报告过不止一次的企业。我们发现责任与绿色设计的三种表示方法都存在正向而显著的关联关系。这表明将责任赋予更高的企业管理人员可以促进绿色设计的使用。风险对这三种表示都有正向的影响，但只有技术数量的参数才有显著关联。金钱激励与所有表示都存在正相关，而非金钱激励则表现出负相关。

以上结果对下述观点提供了微弱支持，即更高的风险伴随着更多低碳能源的使用。风险和投资、技术之间的系数关系相关性正向且显著。金钱激励对这三种措施都有正向效果，其效果对投资规模尤其具有重要意义。对于管理系统技术来说，我们发现责任和金钱激励系数都是正向的，但其作用大多数情况下微不足道。非金钱激励对技术运用的数量有显著而正向的影响。风险与这三项措施存在显著的正相关。

在控制变量方面，我们发现资产的年龄与三种污染控制措施和两项绿色设计措施有着显著的负相关关系。这表明，拥有较新资产的企业可能不愿投资于污染控制或绿色设计技术。减排目标与使用生态效率和低碳能源技术有着显著的正相关关系。研发强度与生态效率和低碳能源呈正相关，但与污染控制和管理系统负相关。污染控制和研发之间的负相关关系与之前的文献中的观点相呼应，即污染控制技术主要专注现有解决方案，使得其更容易被整合到现有的生产流程中。[133]因此，研究能力较弱的企业可能更倾向于使用污染控制技术。

表 4-5　管理因素对技术组合的影响

因变量	污染控制技术			生态效率技术			绿色设计技术		
	PropTech	Log(InvTech)	NumTech	PropTech	Log(InvTech)	NumTech	PropTech	Log(InvTech)	NumTech
截距	0.231***	3.528***	2.280***	0.082	1.281	-0.009	0.029	0.855*	-0.369
	(0.083)	(0.921)	(0.811)	(0.110)	(1.031)	(0.348)	(0.019)	(0.447)	(1.163)
Responsibility	0.002	-0.246***	-0.162	0.029	0.357*	0.017	0.019***	0.187	0.622***
	(0.010)	(0.091)	(0.189)	(0.020)	(0.210)	(0.078)	(0.004)	(0.110)	(0.283)
Monetary	0.029***	0.664***	0.476***	0.077***	1.296***	0.169**	0.005	0.242***	0.722**
	(0.008)	(0.096)	(0.207)	(0.027)	(0.197)	(0.084)	(0.006)	(0.072)	(0.311)
NonMonetary	-0.012	-0.021	-0.159	0.064***	0.893***	0.258***	-0.009	-0.131	-0.028
	(0.013)	(0.333)	(0.184)	(0.016)	(0.221)	(0.077)	(0.006)	(0.144)	(0.256)
Risk	0.002**	0.065***	0.062***	-0.005***	0.016	0.015**	0.000	0.012	0.046
	(0.001)	(0.014)	(0.013)	(0.001)	(0.016)	(0.006)	(0.000)	(0.009)	(0.018)
控制变量									
Assets(Log)	0.008***	0.138	0.065***	-0.004	0.418***	-0.003	-0.001	0.019	-0.017
	(0.003)	(0.128)	(0.066)	(0.006)	(0.067)	(0.027)	(0.001)	(0.031)	(0.091)
R&DIntensity	-0.079**	-2.655	-5.633***	0.455**	3.507***	0.464	0.041	-0.228	5.708***

续表

因变量	污染控制技术 PropTech	Log (InvTech)	NumTech	生态效率技术 PropTech	Log (InvTech)	NumTech	绿色设计技术 PropTech	Log (InvTech)	NumTech
AgeAssets	-0.328*** (0.090)	-5.139*** (1.023)	-4.714*** (0.788)	0.266*** (0.066)	-2.659* (1.540)	0.692** (0.352)	-0.017 (0.023)	-1.120** (0.468)	-3.327*** (1.145)
Leverage	-0.067** (0.028)	-1.505** (0.589)	-0.808 (0.704)	0.054 (0.080)	-0.983 (1.636)	-0.525** (0.288)	0.000 (0.030)	-0.417* (0.231)	-0.828 (1.037)
Target	-0.015 (0.014)	0.127 (0.244)	-0.183*** (0.207)	0.113*** (0.034)	1.623*** (0.492)	0.356*** (0.089)	0.003 (0.007)	0.128 (0.136)	0.503 (0.329)
CarbonIntensity	0.006 (0.004)	0.215* (0.127)	-0.101 (0.217)	-0.029*** (0.009)	-0.311 (0.250)	0.208 (0.093)	-0.004 (0.011)	-0.141 (0.130)	-0.580 (0.488)
Year Dummies	Yes	Yes	Yes	Yes	Yes	Yes	Yes	Yes	Yes
Industry Dummies	Yes	Yes	Yes	Yes	Yes	Yes	Yes	Yes	Yes
N	417	417	417	848	848	848	423	423	423
Adjusted/ Pseudo R^2	0.168	0.104	0.175	0.142	0.144	0.163	0.164	0.132	0.209

续表

因变量	低碳能源			管理系统		
	PropTech	Log（InvTech）	NumTech	PropTech	Log（InvTech）	NumTech
截距	-0.190**	-2.064	-3.105***	0.005	-0.208	-1.446**
	(0.079)	(1.509)	(0.586)	(0.034)	(1.466)	(0.654)
Responsibility	-0.020	-0.208	0.173	0.012	0.206	0.021
	(0.016)	(0.251)	(0.131)	(0.007)	(0.126)	(0.148)
Monetary	0.024	0.587**	0.121	0.001	0.313**	0.189
	(0.020)	(0.232)	(0.143)	(0.007)	(0.131)	(0.163)
NonMonetary	-0.009	0.100	0.081	0.000	0.178	0.386***
	(0.017)	(0.214)	(0.126)	(0.009)	(0.218)	(0.145)
Risk	0.003	0.078**	0.034***	0.002*	0.076***	0.027**
	(0.002)	(0.032)	(0.009)	(0.001)	(0.020)	(0.011)
控制变量						
Assets（Log）	-0.001	0.235	0.126***	-0.004	0.010	-0.050
	(0.006)	(0.161)	(0.044)	(0.097)	(0.085)	(0.050)
R&DIntensity	0.348**	3.270***	0.277	-0.124**	-4.017***	-0.844

续表

因变量	低碳能源			管理系统		
	PropTech	Log (InvTech)	NumTech	PropTech	Log (InvTech)	NumTech
	(0.145)	(1.117)	(1.065)	(0.052)	(1.448)	(1.178)
AgeAssets	0.247***	0.128	0.479	0.064	0.639	0.979
	(0.058)	(0.202)	(0.578)	(0.046)	(0.661)	(0.667)
Leverage	0.116**	0.790	0.200	-0.076***	-1.948***	-0.659
	(0.054)	(0.667)	(0.485)	(0.025)	(0.505)	(0.551)
Target	0.059**	0.794**	0.634***	0.015	0.311***	0.101
	(0.023)	(0.397)	(0.164)	(0.009)	(0.115)	(0.167)
CarbonIntensity	0.002	-0.001	-0.240	-0.002	-0.168	-0.299
	(0.009)	(0.170)	(0.147)	(0.001)	(0.116)	(0.168)
Year Dummies	Yes	Yes	Yes	Yes	Yes	Yes
Industry Dummies	Yes	Yes	Yes	Yes	Yes	Yes
N	848	848	848	848	848	848
Adjusted/Pseudo R^2	0.154	0.142	0.185	0.189	0.194	0.155

注：括号中是标准差。

* $p < 0.1$; ** $p < 0.05$; *** $p < 0.01$。

4.3.5 讨论与总结

在本研究中，我们考察了企业责任委托、激励政策和气候变化风险态度对环境技术投资组合的影响。以往的研究主要集中在污染防治与污染控制的二分法上，我们更深入地研究了技术投资组合的构成，并对五种类型的技术进行了更精细的分类，即污染控制、生态效率、绿色设计、低碳能源和管理体系。我们用技术总量和投资总额来代表投资组合情况，还包括各类技术的数量、投资额和投资比例。

我们发现，将气候变化责任赋予更高级的企业管理层，与应对气候变化的技术措施的总量呈正相关，但其对总投资的影响微乎其微。因此，将气候变化责任赋予更高职位的责任，似乎是企业展示气候意识的公共关系工具。从投资组合构成角度，责任委托是绿色设计技术背后的重要推动力量。主要原因是，新产品设计是一项非常重要的决策，通常需要协调各方面的力量推进设计的改动。因此，高层管理者更有可能拥有推动绿色设计的资源和权力。

无论是金钱激励还是非金钱激励，都会对技术投资组合的规模产生积极影响。然而，非金钱激励更主要推动技术创新数量增加，金钱激励却能推动真实的大规模资本投入。我们的研究结果表明，当对气候变化相关的真实投资处于关键时期时，非金钱激励提供的驱动力不足。金钱激励也是一种有效的方法来支持使用生态效率和污染控制技术。污染控制技术的环境绩效是显而易见、可测算的，但通过污染控制取得的经济价值往往不足以弥补成本。因此，管理者可能需要金钱激励来克服实施污染控制技术的经济障碍。

对气候变化的风险态度会推动污染控制、低碳能源和管理系统技术的使用。对污染控制技术的积极影响与早期研究的观点一致。[134]如果通过项目数量衡量，风险也会促进生态效率技术的应用。然而，它对生态效率技术在投资组合中的份额会产生负面影响。生态效率技术被认为会在企业运营和环境目标两方面实现双赢,因为它有效融合了资源保护和环境保护。但如果企业认为气候变化风险很高,其会倾向于将资源运用到更激进的其他技术上,而非生态效率技术。

此外,我们的研究表明,政策制定者和企业管理者可能会将管理因素与环境投资组合的关系考虑在内,从而形成适当的技术组合,并达到预期的运营和环境效果。例如,那些希望鼓励使用生态效率技术的政策制定者应谨慎推行过于严格的环境法规,因为相关的风险可能会促使企业降低生态效率技术的比例。同样地,计划向市场引入气候友好型产品的企业应该考虑将气候变化的责任委托给企业等级更高的职位。对于政策制定者和企业管理者来说,设立非金钱奖励和认可可能不会促进对环境技术的投资,但仍然可作为一种相对廉价和有效的方式来推动生态效率技术的使用。

4.4 技术组合与公司绩效

根据前述章节对不同技术的描述和分析,我们首先提出一系列关于技术组合和公司绩效间关系的假设,具体如下:

假设 1a. 企业的经济绩效随着生态效率技术在技术组合中使用比例的增加而提高。

假设 1b. 企业的环境绩效随着生态效率技术在技术组合中使用比例的增加而提高。

假设 2a. 企业的经济绩效随着绿色设计技术在技术组合中使用比例的增加而提高。

假设 2b. 企业的环境绩效随着绿色设计技术在技术组合中使用比例的增加而提高。

假设 3a. 企业的经济绩效随着低碳能源技术在技术组合中使用比例的增加而降低。

假设 3b. 企业的环境绩效随着低碳能源技术在技术组合中使用比例的增加而提高。

假设 4a. 企业的经济绩效随着污染控制技术在技术组合中使用比例的增加而降低。

假设 4b. 企业的环境绩效随着污染控制技术在技术组合中使用比例的增加而提高。

为检验以上假设，我们通过最小二乘法（OLS）回归方程探究应对气候变化的技术组合对企业经济绩效和环境绩效的具体影响。回归方程如下：

$$ROA_{it} = \beta_0 + \beta_1 \, PropTech_{it} + \beta_K \, Controls_{it} + \beta_Y Year + \beta_I Industry + \epsilon_{it}$$
$$(4-5)$$

$$CarbonProductivity_{it} = \beta_0 + \beta_1 \, PropTech_{it} + \beta_K \, Controls_{it}$$
$$+ \beta_Y Year + \beta_I Industry + \epsilon_{it} \qquad (4-6)$$

我们用以上回归方程就技术组合的构成如何影响资产收益率和碳生产率进行了分析。分析结果如表 4 – 6 所示。分析过程中，我们将所有技术纳入模型 5 之前，先把每种技术的投资额逐个输入模型 1 ~ 4。此次分析没有考察管理体系技术，因为总和是另外四种技术的投资占比相加，并且该研究也没有就此项技术提出任何假设。研究结果表明，在模型 2 和模型 5 中，企业在生态效率上的投资占比与资产收益率呈正相关，但不显著。因此，假设 1a 不成立。至于环境绩效，研究发现在模型 2 和模型 5 中，生态效率的投资占比与碳生产力都呈负相关，且模型 5 中的相关系数十分显著。因此，研究结果不但与假设 1b 中的推断不同，似乎还显示企业在生态效率上的投资占技术组合的比例与环境绩效呈负相关。

在回归分析中，资产收益率和绿色设计技术占比的相关系数都是正数，但不显著。因此，假设 2a 不成立。关于环境绩效，在模型 3 中，绿色设计技术与之呈正相关，但不显著。而在模型 5 中两者的相关系数为负值，即绿色设计技术对环境绩效有消极影响，且显著。因此，假设 2a 和 2b 都不成立。

在模型 4 和模型 5 中，低碳能源占比都与资产收益率呈负相关且显著。结果与假设 3a 中的推断一致，即企业在低碳能源技术上的投资比例与经济绩效呈反比。此外，在模型 4 和模型 5 中，低碳能源技术对碳生产率呈正相关关系，在模型 5 中相关性显著。该结果在一定程度上证明了假设 3b 中的推断，即低碳能源技术是减少碳排放的有效手段。

模型 1 和模型 5 都显示，污染控制技术在技术组合中的比例与资产收益率呈负相关，但相关性都不大。至于环境绩效，研究发现在模型 1 和模型 5 中，污染控制技术对碳生产率均有十分显著的积极影响。因此，假设 4b 成立，即在气候变化的背景下，污染控制技术能够提高环境绩效。

至于各项技术能否相互补充，甚至相互替代，这也是一个值得探讨的问题。企业在每种技术上的投资比例不同，而不同技术之间可能存在相互影响。我们把这种影响考虑进去，再次运用回归方程进行了分析。然而，模型分析结果没什么变化，技术之间也没有呈现明显的相互作用。我们可以以企业在每种技术上的投资占技术组合投资总额的比例为自变量进行分析。我们也可以利用企业在某一种技术上的投资与总资产的比值计算技术投资比例。基于这些比例的回归分析结果基本上并无二致，因而进一步验证了该研究结果的可靠性。

作为总结，表 4 - 7 概括了主要研究结果。结果显示，企业经济绩效（以资产收益率表示）会随着低碳能源和污染控制技术在技术组合中比重的升高而降低。这很可能由于，在当前技术水平下采用这两种技术会导致过高的成本。但它们的确是减少温室气体排放和提高碳生产力的有效方法，也就是说尽管低碳能源和污染控制技术会对经济绩效造成不利的影响，但在企业应对气候变化上，目前似乎这两种技术是最有效且可行的。至于其他一些技术，包括生态效率、绿色设计和管理体系技术，研究发现它们对企业绩效的影响并不大。

表 4 - 6 技术组合对企业绩效的影响

因变量	1 ROA	1 Carbon Productivity	2 ROA	2 Carbon Productivity	3 ROA	3 Carbon Productivity	4 ROA	4 Carbon Productivity	5 ROA	5 Carbon Productivity
截距	0.145***	0.842	0.183***	1.119***	0.185***	1.039	0.186	1.089***	0.182***	0.908**
	(0.365)	(0.354)	(0.025)	(0.350)	(0.025)	(0.349)	(0.025)	(0.350)	(0.026)	(0.365)
PropPollCon	-0.017	0.000							-0.012	0.415**
	(0.012)	(0.014)							(0.014)	(0.182)
PropEcoEff			0.006	-0.174**					0.007	-0.011
			(0.006)	(0.087)					(0.009)	(0.124)
PropGreenDesign					0.024	-0.186			0.027	-0.126
					(0.019)	(0.301)			(0.020)	(0.319)
PropLowCarbon							-0.018***	0.210*	-0.015*	0.224*
							(0.006)	(0.120)	(0.008)	(0.115)
控制变量										
Assets (Log)	-0.005*	-0.002	-0.007***	0.040	-0.007***	0.041	-0.007***	0.042	-(0.007)***	0.036
	(0.003)	(0.002)	(0.002)	(0.026)	(0.002)	(0.026)	(0.002)	(0.026)	(0.002)	(0.026)
R&DIntensity	0.025	0.151***	0.133***	-0.907	0.134***	-0.958*	0.135***	-1.001*	0.131***	-0.923

续表

因变量	1		2		3		4		5	
	ROA	Carbon Productivity	ROA	Carbon Productivity	ROA	Carbon Productivity	ROA	Carbon Productivity	ROA	Carbon Productivity
	(0.046)	(0.040)	(0.037)	(0.576)	(0.037)	(0.577)	(0.037)	(0.576)	(0.037)	(0.576)
AgeAssets	-0.074**	0.124***	-0.050**	-1.633***	-0.049**	-1.703***	-0.048*	-1.778***	-0.052**	-1.526***
	(0.037)	(0.030)	(0.025)	(0.342)	(0.025)	(0.342)	(0.025)	(0.344)	(0.025)	(0.356)
Leverage	-0.062**	-0.007	-0.073***	0.765***	-0.073***	0.752***	-0.072***	0.730***	-0.073***	0.762***
	(0.028)	(0.022)	(0.019)	(0.281)	(0.019)	(0.282)	(0.019)	(0.281)	(0.019)	(0.280)
AdIntensity	0.115	0.176	0.044	0.027	0.047	0.017	0.056	0.025	0.054	-0.008
	(0.094)	(0.070)	(0.066)	(0.294)	(0.066)	(0.294)	(0.065)	(0.294)	(0.065)	(0.297)
ROA_{2010}	0.641***	0.232	0.469***		0.466***		0.470***		0.461***	
	(0.056)	(0.376)	(0.088)		(0.088)		(0.088)		(0.088)	
CarbonProductivity$_{2010}$				0.413		0.410***		0.429***		0.390***
				(0.302)		(0.306)		(0.307)		(0.309)
N	123	123	248	248	126	126	248	248	248	248
Adjusted R^2	0.587	0.362	0.745	0.282	0.741	0.282	0.742	0.281	0.749	0.285

注：* $p < 0.1$；** $p < 0.05$；*** $p < 0.01$。

表 4 – 7　结论总结

技术类型	企业绩效	
	经济绩效	环境绩效
生态效率	0	0
绿色设计	0	0
低碳能源	–	+
污染控制	0	+

"＋"表示正向显著影响；
"－"表示负向显著影响；
"0"表示影响不显著。

　　总体而言，本研究考察了应对气候变化的技术组合对企业经济绩效和环境绩效的影响。研究结果丰富了环境管理与企业绩效之间关系方面的研究。前人的研究大多都是基于污染防治和污染控制这两大类技术的二分法进行分析，而我们对技术组合构成的分类更加细致。将技术分为五大类之后，我们就能够更透彻地了解不同技术对企业绩效的影响。

　　研究发现的证据表明，技术组合能够影响企业绩效。具体来说，增加低碳能源在技术组合中的比例能提高环境绩效，但对经济绩效有负面影响。污染控制技术也能提高环境绩效，但对经济绩效也有消极影响。研究并未发现其他技术对企业绩效有显著的影响，包括生态效率、绿色设计和管理体系技术。研究结果表明，虽然低碳能源和污染控制技术不利于经济绩效，但就当前的技术水平而言，它们仍是企业解决气候变化问题的有效手段。因此，如果气候变化议程优先于企业的经济绩效，政策制定者和企业管理者们应当提高这两种技术在技术组合上的投资比例。反之，若经济绩效是主要考虑因素，则应该谨慎应用这两种技术。

　　在本章结尾，我们提出两个大方向，供未来研究参考。第一，应对气候变化的技术组合与企业绩效之间的关系取决于可用技术的有效性。因此，随着技术自身的发展变化，这种关系也会发生变化。如果一种技术相对于其他技术的优势和劣势发生了改变，那么技术组合对企业绩效的影响也有可能改变。若能获取更长时间范围内的数据样本，我们可以就问题做进一步研究。第二，尽管据我们所知，该研究使用的数据取自最全面、最详尽的企业级气候战略数据库，但是仍然有一些有价值的信息是缺失的。具体来说，企业绩效不仅取决于投资研发某一项特定的技术，还在于切实地在实践中运营该技术。如果未来的调查报告能够提供更多有关技术使用的细节，我们就可能更准确地分析和研究技术组合对企业绩效的影响。

第 5 章　应对气候变化的技术创新

5.1 应对气候变化的技术创新

随着消费者对环保问题的关注日益密切，环境评估已经成为一个企业所面临的重要问题。消费者越来越倾向于拒绝环保形象差的公司的产品，即便这些产品的价格可能低于绿色环保企业生产的产品。因此，保持绿色环保形象对于企业在竞争激烈的市场中的生存至关重要。本研究对企业的可持续性发展进行分析，旨在表明企业既需要考虑经济绩效，也要考虑运营过程中的污染防治问题。为了从当代商业中的企业策略角度讨论这个问题，本研究探讨如何采用数据包络分析的方法开展环境评估。我们重点关注企业的研发策略、技术创新及如何减少非期望产出（如温室气体排放）。同时，本研究所提出的环境评估方法也将指导企业管理者辨别通过技术创新投资来减少非期望产出的最佳投资机会。为展示该方法的实用性，本研究将提出的方法应用到 2012 年和 2013 年标准普尔指数 500 公司的 153 个观测样本当中。分析结果表明，与只注重利润的传统思维不同，投资者越来越关注公司的绿色环保形象和长远可持续发展这一现实问题。并且，跨行业分析表明能源行业是本研究涉及的七大行业中的最佳投资对象。此外，对企业可持续性发展的评估可以为特定行业选择合适技术种类提供实证基础。

本研究具有现实必要性。自 20 世纪 90 年代以来，企业面临的压力与日俱增，除保证财政绩效可持续性之外还要提高运营绩效的可持续性。企业可持续性的需求背后有很多因素驱动，包括监管规定风险、担忧销售损失、声誉可能下降等外部因素，也包括生产率可能靠环保方面的技术创新得以提升等内部因素。在很多公司面临的可持续性问题的挑战中，控制温室气体排放是最迫切需要完成的工作之一。监管规定方面的变化可以证明这一新的企业发展导向。比如，美国联邦政府、州政府和地方政府已逐渐开始监管温室气体排放，强迫各企业采取行动以减少其温室气体排放量。

人类社会应对气候变化的措施可分为两大类：减缓措施（mitigation）和适应措施（adaptation）。顾名思义，减缓措施指减缓甚至阻止气候变化发生的措施，其主要方法是限制二氧化碳（CO_2）、氟利昂、甲烷（CH_4）等温室气体的排放。例如，提高能源效率从而降低煤、石油等富含碳的化石能源的消耗，用低碳的可再生能源替代传统能源。适应措施指在气候变化已经发生的情形下，适应新的气候环境的措施。例如，调整农作物的种植时间和品种，在设计和建造基础设施时把气候变化导致的海平面升高纳入考虑。应对气候变化需要同时发展这两类技术。我们在本章主要讨论的是减缓措施的使用和创新，基本不涉及适应措施。

各个行业的企业采取的控制温室气体排放的主要减缓措施之一就是进行相关绿色低碳技术投资。比如，可口可乐公司已经开始用节能型混合动力汽车替换其原有的柴油运输车辆。谷歌公司对各个风能及太阳能发电厂投资，并承诺购买更多清洁能源电力为其数据中心供电。服装零售企业 J. C. Penny 公司安装了先进的能源管理系统以降低电力消耗，并通过向员工播放能源管理培训视频提高员工的能效意识。

低碳技术带来的好处既包括提升公众形象等无形的收益，也包括降低直接和间接排放量等有形的收益。然而，很多公司对低碳技术成本与整体生产力提升及商业机会之间的联系可能还存在一些误解，担忧投资低碳技术会损害公司的经济绩效。哈佛商学院学者波特在 20 世纪 90 年代就提出了针对这一问题的波特假说，即环境法规不会危及企业运行状况，而是通过加强生产过程和产品方面的环境创新为企业提供了改善效率和竞争力的机会。[92]事实上，更清楚地了解低碳技术投资和运营生产力绩效之间的权衡关系非常有利于公司的长远发展。树立绿色环保形象的公司在如今具有环保意识的市场中具有更大的竞争力，因为他们可以通过有效的低碳技术投资开展可持续性管理，因此能够更加高效地从技术投资中获益。所有行业的企业都应该策略性地站在企业可持续发展的角度考虑其技术投资和企业绩效问题。

为讨论有效技术投资对企业绩效的直接影响，本研究检验了 2012 年和 2013 年美国七个行业（非必需消费品、必需消费品、能源、医疗、工业股票、信息技术和材料行业）的标准普尔指数 500 公司中的 153 个观测样本。分析结果旨在回答三个疑问。首先，从企业可持续发展的角度测评了七个行业的综合效率水平。其次，研究哪个行业是能够实现企业可持续发展（提高绩效并降低温室气体排放量）的最有前景的技术投资对象？最后，本研究关注如何从环境评估中获得对政策制定者和企业管理者具有可实施性的参考建议。

为回答这三个问题，本研究提出基于数据包络分析 DEA 的整体方法论，从而从企业可持续发展的角度评估公司绩效。首先，我们有必要确定一组期望产出，如预估温室气体减排量及资产回报等；同时还要确定直接和非直接排放水平等非期望产出。本研究选择了一组投入对象，包括低碳技术投资和公司运行特征等。为回答第一个问题，本研究根据自然可处置性、管理可处置性、自然和管理可处置性这三个可处置性概念提出了三个DEA 模型。产出和投入可根据自然可处置性和管理可处置性这两个概念加以区分。针对第二个问题，本研究探讨了非期望产出的"拥堵"概念。另外，为确定技术投资的有效性，本研究还针对期望产出检测了投入和产出的对偶变量，并设计了非期望产出拥堵状况下的新 DEA 模型。最后，本研究将提出的 DEA 方法用于评估美国企业的绩效，并对企业管理方和投资者给出相关参考建议。

本节内容主要与企业可持续性发展的两方面研究相关。其中，第一方面的研究是企业环境绩效评估；另一方面的研究讨论的是公司的技术适应性。企业可持续性发展涉及大量的广泛研究，企业温室气体减排（或者更具体地说是二氧化碳减排）也正在受到越来越广泛的关注。比如，有学者认为公司应改变其供应链运营方式，开发新的创新优化方法，从而降低各个阶段的温室气体排放量。[152]研究表明，控制供应链产品的温室气体排放是企业大幅减少温室气体排放量及缓解气候变化的一个重要举措。

尽管现有的文献认为推进可持续性发展的技术创新将会缓解气候变化，很少有研究涉及技术投资对于运营或财务绩效的影响。为拓展研究，本研究应用提出的方法，基于企业可持续性发展的理念计算了美国公司的综合效率。作为新的研究尝试，本研究将公司的运营、环境及财务能力测量结果同时纳入综合效率的计算过程，有大量文献对企业环境绩效和经济绩效之间的联系进行了广泛而深入的研究。尽管现在主流观点认为良好的环境绩效会对经济绩效带来正面影响，但我们也注意到实证研究结果对于这一问题的结论并不完全一致，甚至不同研究的结论可能是相悖的。这是因为环境绩效和经济绩效之间的联系具有高度复杂性。最后，温室气体减排技术涉及从能效行动到产品再到过程再设计等一系列方面。先前关于环境技术适应性的研究包括环境监管对于促进环境技术创新的影响。例如，基于市场的政策工具是否可以有效地促进技术创新发展。此外，影响公司技术投资决策的因素有很多，包括组织能力、监管压力和市场压力等。很多研究者认为，技术创新是企业可持续发展规划的关键因素，甚至是解决气候变化问题的必要先决条件。然而，技术创新需求并不完全等同于研发支出。因此，本研究同时关注研发投资、技术创新、运营能力和财务绩效与企业可持续性发展的关系。

图 5 - 1 清晰地描绘了运营效率、环境效率和综合效率之间以及技术创新和财务绩效之间的概念联系。如图 5 - 1 所示，本研究认为所有的企业都可以通过投入来获得期望产出和非期望产出。投入分为自然可处置条件下的运营能力投入（如员工数量及运营资本）及管理可处理条件下的环境能力投入（如研发支出及温室气体减排投资）。自然可处置条件下的一部分投入是较好的，而管理可处置条件下的投入情况与之相反。运营效率和环境效率被合成在一起作为综合效率，并根据可处置性概念分为三类（UEN：自然可处置综合效率；UEM：管理可处置综合效率；UENM：自然可处置和管理可处置综合效率）。本研究将 DEA 评估结果进行进一步分析计算，从而能够从结果中识别技术创新及非期望产出的出现。本研究发现 UENM 出现期望拥堵（DC）时产生了非期望产出。因此，综合效率或自然可处置和管理可处置综合效率（出现期望拥堵）可以在可能出现拥堵的情况下测量自然可处置和管理可处置方法下的综合效率水平。最后，本研究提出了哪些公司值得投资者关注，并在推进企业可持续性发展方面给予投资。图 5 - 2 给出减排与研发投资的效果评估概念图。UE、UEN、UEM 和 UENM （DC） 这 4 种模型以及对偶模型的具体计算方法与第 3 章所述模型的计算方法类似，此处不再赘述。

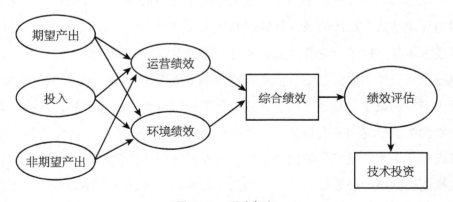

图 5 - 1　研究框架

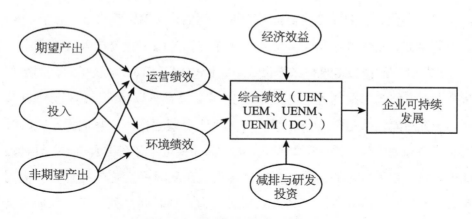

图 5 - 2　减排与研发投资的效果评估

5.2 绩效与技术创新机会

　　本研究中使用的主要数据包含碳排放信息披露项目数据及 COMPUSTAT 数据。碳排放信息披露项目通过向世界各地大型企业发放年度在线问卷收集数据，建立了世界上关于企业能力和气候变化的最大数据库。本研究采用 2012 年及 2013 年部分标准普尔指数 500 公司的数据，包括公司的直接和间接温室气体排放、碳减排投资及相应的预计总减排量等。

　　需要重点注意的是数据集的三个特征。第一，在碳排放信息披露项目调查的标准普尔指数 500 公司中，有一些公司拒绝提供其气候变化策略相关的详细信息。本研究将拒绝披露上述数据领域相关信息的公司排除在外。第二，调查数据的有效性依赖于公司自身报告的信息的准确度和可信度。碳排放信息披露项目数据说明了一个公司的排放情况是否得到了第三方机构认证。为了尽可能避免数据准确度问题，本研究将数据样本限定为已经获得温室气体排放第三方认证的公司。第三，我们获得了 2012 ~ 2013 年标准普尔指数 500 公司的 153 个观察样本。这些样本分布于各个行业。我们选定的公司包括通用公司等非必需消费品企业，百事公司等必需消费品企业，雪弗龙公司等能源企业，辉瑞公司等医疗企业，波音公司等工业企业，谷歌和英特尔等信息技术企业，美国铝业公司等材料企业。

本研究在碳排放信息披露项目数据集和 COMPUSTAT 中获得的公司运营特征即财务绩效数据之间建立了明确的联系。本研究以标准普尔指数 500 公司为研究对象，共包含 2012～2013 年的 153 个观察样本。我们把研究的时间长度限制为 2 年，通常在 2 个年度的时间长度上不存在重大技术差异，因此可以获得较为可靠的结果。若数据集展现出随时间变化的特征，我们则有必要利用时间序列方法对其进行研究。为开展时间序列分析，我们通常需要包含 10 年以上数据的样本集合。因为许多公司近期才开始披露温室气体排放信息，本研究采用的数据库没有提供这样长时间的数据。

本研究所使用的 DEA 环境评估基于非径向模型对绩效进行测量。众所周知，径向模型是 DEA 评估中广泛使用的模型。然而，径向模型的一个局限性是在投入和产出变量中必须排除包含比率值的数据。这是因为径向模型的计算基于加权总产出除以加权总投入得出的比率结构。本研究清楚地意识到了这个问题，因此采用了非径向模型的方法，从而使我们能够在 DEA 评估中使用比率数据（如本研究中的资产收益，即收益与资产的比值），测算综合效率及企业可持续性发展情况。

该数据集包含以下运营、环境和财务方面的投入和产出因素：

（1）预估碳减排量。表示按照一个公司施行减排技术投资后的基于当前排放水平可实现的年度碳减排量。

（2）资产收益。定义为净收入和总资产之间的比值，被包含在模型中作为公司利润测评的考虑因素之一。

（3）直接碳排放量。这个变量代表一家公司所有工厂和设施的排放量，即范围 1 排放。温室气体减排的成本及减排投资的有效性可能依当前排放规模有所不同。

（4）非直接碳排放量。这个变量给出一家公司所采购的电力、蒸汽、加热及冷却过程产生的碳排放量，即范围 2 排放。

（5）员工人数。可以看作公司规模的评价指标，较大的公司或许会有更多适应碳减排措施的资源。

（6）运营资本。运营资本水平表示公司的运营流动性，运营资本较高的公司的碳减排投资量可能更大。

（7）研发支出。研发支出是评价公司技术能力的一个重要指标。预计研发支出越高的公司获得及实施有效排放控制措施的可能性越大。

（8）资产总额。该变量包括现有资产、财产、工厂及设备。这些都是评估企业规模的另一个指标。

（9）碳减排投资。显示公司为实现预估年度碳减排量所必须的总投资数量。利益最大化的公司可能会根据其支出情况和碳减排效率选择技术。

综上，本研究运用了预估年度碳减排量和资产收益量两个期望产出因素，两个非期望产出因素（直接碳排放和间接碳排放），三个自然可处置概念下的投入因素（员工数量、运营资本和资产总额），以及两个管理可处置概念下的投入因素（碳减排投资和研发支出）。

表 5-1 中记录了本研究中运用的数据集的主要统计数据，包括平均值、标准差、最小值和最大值。为避免各个行业的差异性带来的评估误差，本研究进一步计算了所有变量的行业调整指数，作为 DEA 模型所实际使用的数据。一个变量的行业调整指数是其实际值与该变量行业平均值之间的比率。

我们同时注意到，在使用 DEA 模型进行绩效评估时，通常数据集中的投入和产出变量不能含有零值和负值，否则就需要对模型进行修改以保证结果的正确性。本研究选择了适宜的投入和产出变量，因此所使用的数据不含零值和负值。但是在现实中，公司的财务数据中很可能包含零值和负值，例如公司的净收入（net income）就可能是负值。针对此类含零值和负值的数据，需要用特殊的 DEA 模型加以分析，例如将 DEA 模型和判别分析（discriminant analysis）结合在一起的 DEA-DA 判别分析法。

表 5 - 1 投入和产出变量的统计总结

投入和产出		期望产出		非期望产出					投入	
变量		减排量	资产收益率	直接排放	间接排放	员工数	运营资本	研发成本	总资产	减排投资
单位		吨	无	1000 吨	1000 吨	千人	百万美元	百万美元	百万美元	1000 美元
非必需消费品	平均值	21041.1	0.0604	452.3511	876.6882	44.4199	2400.4422	738.1463	17918.1577	6414.48
	标准差	54807.2	0.0338	765.4351	1531.2482	56.3165	4237.8357	1995.8894	39857.5618	11402.27
	最小值	20.0	0.0125	5.9850	17.4220	5.5000	98.9320	41.0000	837.4000	122.00
	最大值	199907.0	0.1012	2454.7550	5531.3800	213.0000	16004.0000	7368.0000	149422.0000	37035.00
必需消费品	平均值	42759.4	0.1053	576.2264	500.8998	44.2445	917.5033	126.9574	13969.0686	35101.54
	标准差	115410.8	0.0648	1104.6655	517.0599	78.8626	468.8002	168.1833	20382.8222	107782.81
	最小值	767.6	0.0238	58.3440	119.9750	4.8500	103.0000	14.4000	3258.2000	350.00
	最大值	390000.0	0.1911	3854.7840	1928.4900	278.0000	1805.60000	552.0000	74638.0000	360000.00
能源	平均值	157412.7	0.0654	10144.5206	940.0859	36.8375	5275.6919	290.1308	57027.8392	101641.31
	标准差	289914.2	0.0289	15911.8134	1059.5143	41.3664	6300.9056	419.1814	59514.6891	331992.70
	最小值	100.0	0.0275	485.0000	61.6300	1.8760	5.0000	0.1000	12670.9090	600.00
	最大值	1000000.0	0.1144	58559.2200	3849.3190	118.0000	21508.0000	1168.0000	232982.0000	1205600.00
医疗保健	平均值	20291.3	0.0916	309.8158	430.4136	41.7609	10704.3921	3520.7566	50562.2260	12200.18
	标准差	42912.0	0.0411	408.9799	428.6841	38.3091	10375.7373	3029.5218	52192.6653	19879.12
	最小值	21.0	0.0179	7.2320	18.4200	4.4600	390.6540	132.6390	3901.7620	7.00
	最大值	206193.0	0.1953	1402.5280	1256.6640	127.6000	32796.0000	9112.0000	188002.0000	88788.98

续表

投入和产出		期望产出		非期望产出		投入					
变量		减排量	资产收益率	直接排放	间接排放	员工数	运营资本	研发成本	总资产	减排投资
单位		吨	无	1000 吨	1000 吨	千人	百万美元	百万美元	百万美元	1000 美元
工业	平均值	23992.9	0.0731	522.3643	543.3526	80.9725	3293.9876	953.1261	29580.8274	9162.75
	标准差	27081.0	0.0231	1243.7752	430.4336	65.0745	3212.8384	1167.7591	28960.1830	14048.50
	最小值	120.5	0.0423	8.6820	25.4220	3.1210	45.1300	15.4000	688.0910	22.07
	最大值	107875.0	0.1311	5532.8440	1756.2750	218.3000	12327.0000	3918.0000	89409.0000	63409.80
信息技术	平均值	11058.6	0.0904	75.1610	342.9409	30.7352	6733.2885	1617.9462	21148.3242	2705.57
	标准差	34572.1	0.0493	203.1143	519.2890	39.9831	13212.1084	2498.4823	29831.1172	8635.49
	最小值	2.0	0.0131	0.0339	11.0490	2.3800	54.3860	25.0340	1172.1660	8.05
	最大值	169787.0	0.2307	897.7590	2331.0480	147.6000	52396.0000	10148.0000	121271.0000	59000.00
原材料	平均值	183627.9	0.0600	7027.4129	4601.3531	34.0613	2246.4306	351.0438	19313.3611	17723.61
	标准差	236157.1	0.0371	9052.2963	5530.0427	21.9178	2225.4220	621.7890	14383.7926	40253.65
	最小值	172.0	0.0048	53.9270	88.5250	5.7000	72.0000	13.0000	3249.6000	1.24
	最大值	638000.0	0.1393	30628.1040	16659.7360	70.0000	7642.0000	2067.0000	49736.0000	177000.00
全体	平均值	54670.6	0.0805	2095.4156	1103.0311	42.0503	5451.6729	1394.2375	29380.3075	18392.98
	标准差	143424.1	0.0441	6579.1242	2599.8684	48.4773	9414.8361	2302.9263	38871.3393	102637.18
	最小值	2.0	0.0048	0.0339	11.0490	1.8760	5.0000	0.1000	688.0910	1.24
	最大值	1000000.0	0.2307	58559.2200	16659.7360	278.0000	52396.0000	10148.0000	232982.0000	1205600.00

作为示例，表5-2总结了信息技术企业的综合效率（UE）、自然可处置综合效率（UEN）、管理可处置综合效率（UEM）、自然可处置和管理可处置综合效率（期望拥堵）（UENM（DC））这四个效率值。如表5-2底部总结，这四个综合效率测量平均值分别为0.9169、0.8925、0.8967和0.9784。综合效率代表将运营绩效和环境绩效合二为一的效率水平。Altera Corp.（2012）、Applied Materials Inc.（2012）和Yahoo！Inc.（2013）等企业在这四个效率值都达到了最高水平。

表5-2　信息技术企业的绩效

公司名	UE	UEN	UEM	UENM（DC）
Adobe Systems, Inc.（2012）	0.9838	0.9269	0.9642	0.9599
Adobe Systems, Inc.（2013）	0.9625	0.9217	0.9377	0.9557
Automatic Data Processing, Inc.（2012）	0.9147	0.8576	0.8499	0.9212
Automatic Data Processing, Inc.（2013）	0.8414	0.8587	0.8320	0.9123
Akamai Technologies Inc（2012）	0.9277	1.0000	0.9388	0.9923
Akamai Technologies Inc（2013）	0.9772	1.0000	0.9199	0.9948
Altera Corp.（2012）	1.0000	1.0000	1.0000	1.0000
Altera Corp.（2013）	0.9298	0.9617	1.0000	1.0000
Applied Materials Inc.（2012）	1.0000	1.0000	1.0000	1.0000
Broadcom Corporation（2012）	0.9484	0.9166	0.9140	1.0000
Broadcom Corporation（2013）	0.8833	0.9237	1.0000	1.0000
CA Technologies（2012）	0.9421	0.9625	0.8552	0.9811
CA Technologies（2013）	0.9135	0.9527	0.8581	0.9663
Spansion Inc.（2013）	0.7517	0.9397	0.7239	1.0000
Compuware Corp.（2012）	0.9544	1.0000	0.8803	1.0000
EMC Corporation（2012）	0.9723	0.8731	0.8117	1.0000
EMC Corporation（2013）	0.9944	0.8454	0.8213	1.0000
Fairchild Semiconductor（2013）	0.8075	0.9263	0.7133	1.0000
Google Inc.（2012）	0.8994	0.7024	1.0000	1.0000
Google Inc.（2013）	0.9939	0.6644	1.0000	1.0000
Intel Corporation（2013）	0.9991	0.5098	1.0000	1.0000
Jabil Circuit, Inc.（2012）	0.8918	1.0000	0.8507	0.8864
Jabil Circuit, Inc.（2013）	0.7934	1.0000	1.0000	0.8611
JDS Uniphase Corp.（2012）	0.9635	0.9348	0.8589	0.9830

续表

公司名	UE	UEN	UEM	UENM（DC）
Juniper Networks, Inc.（2013）	0.9646	0.8881	0.8612	1.0000
KLA – Tencor Corporation（2013）	0.9874	0.9777	0.9719	0.9842
LSI Corporation（2012）	0.9808	0.9817	0.9160	1.0000
LSI Corporation（2013）	0.9525	0.9536	0.8965	1.0000
Lexmark International, Inc.（2013）	0.8858	0.9307	0.7827	1.0000
Microchip Technology（2012）	0.9435	0.9426	0.7874	1.0000
Microchip Technology（2013）	0.9112	0.8994	0.7431	0.9827
Marvell Technology Group, Ltd.（2012）	0.9444	0.9418	0.9206	1.0000
Marvell Technology Group, Ltd.（2013）	0.9466	0.9124	1.0000	1.0000
Microsoft Corporation（2012）	0.7196	0.6571	1.0000	1.0000
Microsoft Corporation（2013）	0.7592	0.5889	1.0000	1.0000
NetApp Inc.（2013）	0.9086	0.8860	0.8332	0.9669
NVIDIA Corporation（2012）	0.9461	0.9372	0.9256	0.9756
Oracle Corporation（2013）	0.8528	0.7135	1.0000	0.8146
SanDisk Corporation（2012）	1.0000	0.9509	0.9181	0.9742
Symantec Corporation（2012）	0.9224	1.0000	0.8871	1.0000
Symantec Corporation（2013）	0.8979	0.9216	0.8407	1.0000
Teradyne Inc.（2012）	0.9933	1.0000	0.9490	1.0000
Teradyne Inc.（2013）	0.9533	0.9527	0.9246	0.9891
Texas Instruments Incorporated（2012）	0.7462	0.7331	0.6389	1.0000
Texas Instruments Incorporated（2013）	0.8334	0.7253	0.6350	1.0000
Xerox Corporation（2013）	0.7683	0.7660	1.0000	0.8598
Yahoo! Inc.（2012）	0.9454	0.9002	0.8817	1.0000
Yahoo! Inc.（2013）	1.0000	1.0000	1.0000	1.0000
平均值	0.9169	0.8925	0.8967	0.9784
标准差	0.0770	0.1187	0.0980	0.0428

作为本章所提出方法的另外一个示例，表 5 – 3 记录了能源行业四个方面的综合效率水平。该行业综合效率平均值为 0.8771，自然可处置综合效率平均值为 0.9198，管理可处置综合效率平均值为 0.8920，自然可处置和管理可处置综合效率（期望拥堵）平均值为 0.9788。将两个表格进行对比，可以发现两个行业之间并不存在重大差异。表 5 – 3 显示了雪弗龙公司 Chevron Corporation（2013）的一个有趣的结果：这个石油公司

的综合效率为 0.7936，自然可处置综合效率为 0.6797，管理可处置综合效率为 0.8552，自然可处置和管理可处置综合效率（期望拥堵）为 1.000。这一结果表明，该公司 2013 年并未达到最佳的综合效率水平，但有很大潜力能够通过技术创新投资提高其运营和环境绩效水平。

表 5-3 石油企业的绩效

企业名称	UE	UEN	UEM	UENM（DC）
Anadarko Petroleum Corporation（2013）	0.9107	1.0000	0.7851	0.9618
Baker Hughes Incorporated（2012）	0.9540	0.8695	1.0000	0.9394
Baker Hughes Incorporated（2013）	0.8702	0.8497	1.0000	0.9319
CONSOL Energy Inc.（2013）	0.8762	1.0000	0.6814	1.0000
ConocoPhillips（2013）	0.8855	1.0000	0.8343	0.9401
Chevron Corporation（2013）	0.7936	0.6797	0.8552	1.0000
Devon Energy Corporation（2012）	0.9539	1.0000	0.8881	1.0000
Hess Corporation（2012）	0.9293	1.0000	0.7810	0.9602
Hess Corporation（2013）	0.8079	1.0000	1.0000	1.0000
Noble Energy, Inc.（2012）	0.9729	1.0000	0.8664	1.0000
Noble Energy, Inc.（2013）	0.9106	1.0000	0.9052	0.9909
Schlumberger Limited（2012）	0.7546	0.7902	1.0000	1.0000
Schlumberger Limited（2013）	0.7831	0.7682	1.0000	1.0000
平均值	0.8771	0.9198	0.8920	0.9788
标准差	0.0717	0.1141	0.1049	0.0277

表 5-4 和表 5-5 分别列出了信息技术行业和能源行业企业的对偶变量，收益亏损类型（P 为正向，N 为负向），以及投资效果类型（E 为有效，L 为有限）。为描述前述方法推导得出的投资策略的使用情况，我们以表 5-5 中的 Noble Energy Inc. 为例进行讨论。该公司 2012 年规模亏损 DTS 为正向（P），表示其技术创新投资并未能在该年度期间降低温室气体排放量。同时，该公司 2013 年规模亏损 DTS 为负向（N），则表示该公司有可能通过减排投资或研发支出降低温室气体排放量。然而，在管理可处置方法下的这两个测试结果的投资效果显示为有限（L），这就表明这类投资不会对温室气体减排情况带来立竿见影的变化。因此，有限的投资效果表明，为收到减排效果，有必要坚持实施长期投资策略。

表5－4　信息技术企业的对偶变量

企业名称	对偶变量												
	减排量	资产收益	直接排放	间接排放	员工数	运营资本	研发成本	总资产	减排投资	DTR	减排投资	研发投资	总体成本
Adobe Systems, Inc. (2012)	0.0237	0.0029	0.0088	0.0155	0.0748	0.0135	0.0291	0.0125	0.0067	P			
Adobe Systems, Inc. (2013)	0.0333	-0.0130	0.0088	0.0155	0.0603	0.0135	0.0232	0.0125	0.0049	N	L	E	E
Automatic Data Processing, Inc. (2012)	0.0759	0.0223	0.0088	0.0155	0.0220	0.0135	0.0288	0.0125	0.0059	P			
Automatic Data Processing, Inc. (2013)	0.0749	0.0224	0.0088	0.0155	0.0220	0.0135	0.0288	0.0125	0.0049	P			
Akamai Technologies Inc (2012)	-0.0026	-0.0123	0.0088	0.0315	0.2600	0.0135	0.0097	0.0125	0.0049	N	L	L	L
Akamai Technologies Inc (2013)	0.2945	0.0138	0.0088	0.0155	0.1676	0.0369	0.0097	0.0125	0.0049	P			
Altera Corp. (2012)	12.0984	-35.1770	2.5609	5.5831	138.3605	14.4116	18.3506	0.4839	1.0953	N	E	E	E
Altera Corp. (2013)	80.6866	-43.7164	7.9397	7.7573	27.9431	2.2246	2.7907	11.8942	23.1392	N	E	E	E
Applied Materials Inc. (2012)	-6.9425	-0.4584	0.3403	0.7074	5.7477	1.4334	3.1885	9.1959	0.3547	N	E	E	E
Broadcom Corporation (2012)	113.1074	4.2212	1.6240	3.8802	60.1913	14.0274	25.8471	5.9402	1.3481	P			
Broadcom Corporation (2013)	13.7050	42.6153	0.9327	5.9544	35.2882	69.7882	71.0388	13.6443	1.9122	P			
CA Technologies (2012)	0.0422	-0.0214	0.0088	0.0155	0.0908	0.3170	0.0997	0.0125	0.0107	N	E	E	E
CA Technologies (2013)	0.0271	-0.0344	0.0088	0.0155	0.0220	0.2016	0.0532	0.0125	0.0068	N	E	E	E
Spansion Inc. (2013)	0.8679	93.1040	0.5974	21.7066	60.7519	8.2493	27.1156	35.2561	1.2907	P			
Compuware Corp. (2012)	19.2369	12.6186	0.6907	0.9868	49.0495	124.7459	29.9562	6.8890	1.4281	P			
EMC Corporation (2012)	53.0314	52.4565	2.0548	26.2053	1.8653	131.1449	88.9887	1.3369	5.6962	P			

续表

企业名称	对偶变量									DTR	减排投资	研发成本	总体
	减排量	资产收益	直接排放	间接排放	员工数	运营资本	研发成本	总资产	减排投资				
EMC Corporation（2013）	22.4505	38.0534	1.2395	19.8158	1.1406	95.3012	70.5252	0.9094	2.1914	P			
Fairchild Semiconductor（2013）	12.9933	88.6268	12.5682	3.0536	10.8332	7.5759	16.6078	28.1882	1.9393	P			
Google Inc.（2012）	22.7789	0.1112	1.2111	37.6049	21.3051	1.4214	12.7007	9.4943	5.5686	P			
Google Inc.（2013）	56.8568	74.4709	2.6311	30.9527	32.7239	0.9790	36.6003	1.2826	2.9084	P			
Intel Corporation（2013）	0.5409	1.4033	0.1000	7.2926	4.1737	3.4887	7.5203	8.0083	3.3449	P			
Jabil Circuit, Inc.（2012）	-0.0087	0.0305	0.0088	0.0155	0.0220	0.1527	0.0097	0.0701	0.0049	N	L	L	L
Jabil Circuit, Inc.（2013）	-0.0084	0.0210	0.0088	0.0177	0.0220	0.1171	0.0097	0.1122	0.0049	N	L	L	L
JDS Uniphase Corp.（2012）	-0.0039	0.0096	0.0088	0.0155	0.0220	0.0135	0.0364	0.2200	0.0146	N	E	E	E
Juniper Networks, Inc.（2013）	10.1217	118.5373	0.6085	5.3689	24.3315	40.1637	48.3233	14.9490	2.3261	P			
KLA-Tencor Corporation 2013	0.1623	-0.0187	0.0088	0.0155	0.0557	0.0135	0.0268	0.0125	0.0049	N	L	E	E
LSI Corporation（2012）	10.6967	-46.7827	1.6031	9.2293	27.5424	77.3361	62.0394	70.6635	7.3473	N	E	E	E
LSI Corporation（2013）	1.0215	5.0670	1.0603	5.4856	40.0471	58.9028	65.3092	111.1889	2.1929	P			
Lexmark International, Inc.（2013）	-2.0471	55.4739	0.0752	2.8591	0.6394	148.0567	89.4083	120.7474	9.3287	N	E	E	E
Microchip Technology（2012）	45.2225	-24.8434	23.5368	4.5754	13.5667	7.8814	2.7417	128.3791	11.5374	N	E	E	E
Microchip Technology（2013）	0.0237	0.0171	0.0088	0.0155	0.0605	0.0135	0.0358	0.0338	0.0049	P			
Marvell Technology Group, Ltd.（2012）	230.6167	1.0135	0.4295	2.4082	21.4530	36.7350	24.6053	0.2649	3.7101	P			
Marvell Technology Group, Ltd.（2013）	2.8154	24.4154	0.8981	3.2524	39.0421	81.3976	92.9834	125.9573	12.7171	P			

续表

企业名称	对偶变量									DTR	减排投资	研发成本	总体
	减排量	资产收益	直接排放	间接排放	员工数	运营资本	研发成本	总资产	减排投资				
Microsoft Corporation (2012)	14.9199	-32.4053	0.9845	14.6414	3.7434	2.2528	13.7224	2.7817	3.5740	N	E	E	E
Microsoft Corporation (2013)	24.5272	4.0262	1.2051	18.3235	3.5394	1.2785	18.4470	2.3217	6.1129	P			
NetApp Inc. (2013)	0.2827	0.0080	0.0088	0.0155	0.0277	0.0135	0.0372	0.0125	0.0079	P			
NVIDIA Corporation (2012)	0.0185	-0.0062	0.0088	0.0155	0.0264	0.0135	0.0395	0.1110	0.0049	N	L	L	E
Oracle Corporation (2013)	0.0237	-0.0646	0.0088	0.0155	0.0220	0.0135	0.0247	0.0125	0.0109	N	E	E	E
SanDisk Corporation (2012)	-0.0037	-0.0041	0.0088	0.0155	0.1658	0.0135	0.0097	0.0125	0.0049	N	L	L	L
Symantec Corporation (2012)	43.5804	-38.4157	1.4764	11.2024	19.6414	190.4949	65.4208	7.3229	2.5285	N	E	E	E
Symantec Corporation (2013)	92.5106	33.3165	0.4288	5.2687	8.4705	100.8751	45.6531	2.1392	3.6022	P			
Teradyne Inc. (2012)	9.2314	-52.7120	1.7482	3.7661	28.4783	80.8319	31.6459	8.9249	2.0086	N	E	E	E
Teradyne Inc. (2013)	0.0870	-0.0087	0.0088	0.0155	0.0600	0.0135	0.0253	0.1136	0.0049	N	L	L	E
Texas Instruments Incorporated (2012)	6.6788	-10.2715	10.3611	10.8137	7.8425	6.0259	6.5359	13.3563	2.0780	N	E	E	E
Texas Instruments Incorporated (2013)	7.1618	8.1483	7.1546	24.3408	9.6040	6.2397	9.2119	20.3795	1.8683	P			
Xerox Corporation (2013)	0.0447	0.0281	0.0088	0.0155	0.0220	0.0135	0.0097	0.0125	0.0075	P			
Yahoo! Inc. (2012)	267.3953	6.4941	0.0150	7.6014	10.4745	16.3679	20.1807	0.0252	4.0181	P			
Yahoo! Inc. (2013)	7.6983	-69.9238	0.5570	13.7056	5.2801	15.7504	6.3386	3.4759	1.7668	N	E	E	E

表 5-5　能源企业的对偶变量

企业名称	减排量	资产收益	直接排放	间接排放	员工数	运营资本	研发成本	总资产	减排投资	DTR	减排投资	研发成本	总体
Anadarko Petroleum Corporation (2013)	0.0087	-0.0035	0.0088	0.0155	0.1198	0.0135	0.0097	0.0125	0.0049	N	L	L	L
Baker Hughes Incorporated (2012)	0.1095	-0.0112	0.0088	0.0155	0.0220	0.0135	0.0412	0.1087	0.0049	N	L	E	E
Baker Hughes Incorporated (2013)	0.0176	-0.0073	0.0088	0.0155	0.0220	0.0135	0.0410	0.1222	0.0049	N	L	E	E
CONSOL Energy Inc. (2013)	28.7720	29.4160	0.5502	50.8945	16.1602	16.2057	13.5441	21.5278	5.7925	P	E	E	E
ConocoPhillips (2013)	-0.0031	-0.0341	0.0088	0.0176	0.1873	0.0135	0.0401	0.0125	0.0049	N	L	E	E
Chevron Corporation (2013)	21.4255	-32.3620	7.1087	19.1139	5.2127	2.3057	6.8365	2.4438	4.3393	N	E	E	E
Devon Energy Corporation (2012)	-4.5129	-62.8422	2.1808	18.7668	71.7239	3.1287	2.0447	2.7936	0.7563	N	E	E	E
Hess Corporation (2012)	0.0190	-0.0337	0.0088	0.0155	0.0220	0.1152	0.0097	0.0125	0.0056	N	E	L	E
Hess Corporation (2013)	17.8002	4.3341	2.0590	7.9925	8.0986	5.9804	8.1056	7.1979	13.1723	P	P		E
Noble Energy, Inc. (2012)	3.4044	11.3024	0.2208	0.9925	116.0329	46.4425	2.8046	0.8999	1.3094	P	L	L	L
Noble Energy, Inc. (2013)	0.0039	-0.0157	0.0088	0.0155	0.1195	0.0571	0.0097	0.0125	0.0049	N	L	L	L
Schlumberger Limited (2012)	10.6102	-38.4038	2.5270	0.6585	1.2447	35.2196	44.6661	26.7837	3.2959	N	E	E	E
Schlumberger Limited (2013)	11.7745	-5.4290	1.5056	9.1588	1.3211	4.1811	31.6120	31.5261	3.2226	N	E	E	E

表 5-6 总结了七大行业的有效和有限性投资机遇。整体平均看来，71 个（46.41%）样本被评为有效投资，153 家公司中有 15 家（9.80%）企业可持续性发展方面投资被评为有限投资。七大行业中，能源行业有效投资的比例（61.54%）最高，即达到有效（E）水平的企业数量占行业总数量比例最高。这表明能源行业是七大行业中企业可持续发展方面的最佳投资对象。也就是说，投资于能源行业可最大幅度地减少温室气体排放并提高整体综合效率。因此，美国必须开始通过能源行业技术投资的方法控制温室气体排放。

表 5-6　投资总结

行业	有效投资数量	百分比	有限投资数量	百分比
非必需消费品	5	38.46	2	15.38
必需消费品	5	45.45	2	18.18
能源	8	61.54	2	15.38
医疗保健	14	51.85	0	0.00
工业	9	47.37	3	15.79
信息技术	19	39.58	4	8.33
原材料	11	50.00	2	9.09
全体	71	46.41	15	9.80

5.3 讨论与总结

随着消费者对环保的兴趣度日益提高，环境评估和企业可持续发展近期已成为重点关注的企业因素。消费者的社会责任意识在不断提高，因此他们越来越拒绝购买环保形象差的公司生产的产品，即使这些产品的价格要远低于绿色环保公司的产品。无论是在国内市场还是国际市场中，公司之间必须相互竞争，因此以温室气体减排为目标的绿色投资对于企业在全球市场中的可持续发展至关重要。

本研究讨论如何采用数据包络分析 DEA 环境评估的方法推导出四种不同的绩效测量指数，并以此作为企业可持续发展的实证基础。为通过 DEA 环境评估讨论企业问题，本研究重点关注控制非期望产出的研发投资和技术创新。这种基于 DEA 环境评估的技术分析还未曾在之前的任何研究中出现。可以预料的是，我们提出的 DEA 环境评估将为企业管理者提供环境策略和技术选择方面的指导。技术选择是通过考察具有负向规模亏损 DTS 的公司确定的，对于建立企业可持续发展性有关键作用。

为演示所提出方法的实用性，本研究将其应用到由 2012～2013 年标准普尔指数 500 公司构成的观察样本中。实证研究结果显示，与强调企业短期利润的传统思维不同，公司应从长远角度出发更多注重公司的可持续发展。然而，从实际角度出发，投资者确实难以接触到企业可持续发展的相关内部信息。因此，投资者如果采用一般性的评估方法将无法识别以防止气候变化为目的技术创新投资机会。这也正是本章所探讨方法的优势所在。

总体而言，通过对已达到有效投资水平的公司的考察，我们可以了解到哪些公司具有合理的提高企业可持续发展水平的技术。此外，也应注意到不同的公司确实有其特定的技术结构、生产过程和环保状况。DEA 环境评估为企业管理者、投资人和其他对企业可持续发展感兴趣的个体或群体提供了投资指导，指明他们应该对哪些企业投资以实现更好的短期和长期绩效。

当然，以上提出的基于数据包络分析 DEA 的环境评估方法并不完美，仍存在许多问题。此处谨讨论三个当前方法所存在的问题以供后续研究进行补充和修正。第一，技术创新的实施和技术的完全生效之间存在一定的时间差。因此，理论上来说，所提出的评估方法需要在其计算过程当中包含一定的时间跨度。有鉴于此，我们有必要将提出的研究方法同时间序列测算方法结合起来。第二，进行投资组合分析时，必须在 DEA 方法所得的评估结果和投资行为之间建立理论上的联系。第三，技术创新和技术选择在一定程度上或许取决于行业类型，不同的行业需要不同的技术结构。因此，技术选择问题需要考虑不同行业的特征和最优的技术结构之间的联系。这些潜在的研究课题指明了对当前研究的拓展方向。

第 6 章　挑战与对策

以上章节分析了企业设定温室气体排放目标的策略，研究了企业的环境绩效的计算方法，探究了企业应对气候变化的技术组合背后的驱动因素和影响，讨论了应对气候变化技术创新的机会。本章将进一步探讨气候变化对企业管理带来的挑战与应对挑战的对策。

6.1 多种应对气候变化措施的协调应用

企业应对气候变化需要综合使用多种技术。先前的分析已经表明，技术组合的构成会对企业的绩效有重要影响。然而，一个还没有回答的问题是，从企业自身利益和社会福利角度出发，什么样的技术组合是最优的？回答该问题需要我们对不同技术的运行机制有深入的了解。下面我们以能源效率技术和可再生能源技术为例阐释多种技术的协调问题。

能源效率和可再生能源分别对能源需求侧和供给侧施加影响：能源效率通过减少每单位产出的能耗来降低能源需求；可再生能源替代化石能源以减少能源供给的污染。作为最重要的节能减排措施，能源效率和可再生能源每年都吸引大量投资。据国际能源署统计，[153]在 2016 年，全球能效投资达到 2310 亿美元，其中欧洲份额最大，而我国增长速度最快；可再生能源电力装机投资额为 2970 亿美元，其中我国份额最大，占比超过 1/3。企业是进行节能减排投资的直接主体，对这两种措施进行合理的投资配置正成为企业管理的重要环节。[154]在政策层面，激励企业投资能源效率和可再生能源是各国政府的重要工作。例如，在能源效率方面，我国出台了能效"领跑者"制度，[155]并通过专项基金为一万六千多家企业的能效改善提供财政支持；[156]在可再生能源方面，政府提出，鼓励各类电力用户按照"自发自用、余量上网、电网调节"的方式建设分布式光伏发电系统，尤其优先支持用电价格较高的工商业企业和工业园区。[157]摆在企业和政府管理者面前的一个现实问题就是：就经济成本和社会成本而言，应该如何对能源效率和可再生能源进行投资才能获得最佳的总体效果？因此，深入探索能源效率和可再生能源的运行机制，探求提高能源效率和可再生能源投资效果的方法，具有重要的研究价值。

现实中的节能减排投资和相关学术研究通常忽略了能源效率和可再生能源的协调问题，把两者分隔开来进行独立的决策分析。忽略协调问题会导致投资策略缺陷：国际能源署（International Energy Agency）指出，[158]"当前的能源效率和可再生能源政策通常不同步，这会导致次优的结果或传递矛盾的信号……有必要制定需求侧和供给侧的综合政策"。现实政策也强调协调的重要性，例如国家能源局在《能源发展"十三五"规划》中提出了"效能为本，协调发展"的指导原则。[159]基于此，有必要探索能源效率和可再生能源的运行机制和交互作用，构建包含这两种措施的投资优化模型，在企业管理和宏观政策层面探求通过协调投资和激励，发挥能源效率和可再生能源最大效用的有效途径。

为了完成以上目标，需要从理论上回答一系列问题。其中的关键问题如下：首先，企业对于能源效率和可再生能源的投资决策受哪些因素影响？能源效率和可再生能源有何运行机制，两者间有何交互作用？为什么需要协调？其次，协调投资策略与不考虑协调的投资策略有何区别？协调投资可为企业带来多大绩效？协调策略下，提高两者中一种措施的配置水平是会降低还是促进对另一种措施的投资？各个因素如何影响协调投资策略？最后，从政府政策角度出发，对一种措施的补贴会导致企业增加还是减少对另一种措施的投资？如何更合理地制定激励政策推动能源效率和可再生能源协调发展？这些问题兼具理论与实践意义，值得深入探讨。

　　显然，能源效率和可再生能源只是众多应对气候变化措施的一部分，以上对它们协调问题的阐述只是多种措施协调问题的一个缩影。如何协调不同的应对气候变化的措施以获得最佳的整体投资效果是企业管理者和政策制定者都亟待解决的重要问题。

6.2 克服技术应用的障碍

　　在现实中，在企业层面使用和推广应对气候变化的技术可能面临许多障碍。经济因素往往是阻碍技术使用的首要原因。绝大部分对技术选择的理论研究都采用了最小化成本或最大化利润的经济学模型作为技术投资决策的研究框架，即理性决策者会作出对自身最优的技术选择与投资。然而，企业对自身利益的优化和社会福利的最大化常常并不一致。比如，最大化社会福利可能会要求企业使用碳捕获与存储（carbon capture and storage）技术，然而该技术高昂的成本又让企业望而却步。为了促使企业采用某特定技术，政府或许需要向企业提供激励。常见的激励形式包括投资补贴、税务减免、价格补贴等等。

　　除经济障碍之外，技术的推广使用还可能面临组织和行为方面的障碍。这方面最著名的例子之一就是"能源效率缺口"（energy efficiency gap）问题，[160]即企业或个体的能源效率投资通常并没有达到经济意义上的最优水平。[161]首先，能源效率的投资水平取决于较高的初始投入和未来较低的运营成本之间的权衡。普遍认为能源效率缺口是由市场失灵、市场障碍和组织行为障碍等多方面的原因造成的。[162] 例如，有学者指出，实际中许多理论上有利可图的能源效率项目并没有得到实施，其原因往往是缺乏识别、评估和执行这些项目的必要知识。[163] 因此，除经济激励之外，还可以考虑从组织和行为方面入手，去除技术使用的障碍。

6.3 数据的欠缺与不足

利用数据尤其是企业层面的数据以寻找更有效的应对气候变化的方法是有巨大潜力的研究方向。为了激励这方面的研究与实践，联合国近期成立了专门针对气候变化的数据项目 United Nations Data for Climate Action。收集、整理与气候变化相关联的数据是进行研究的基础。目前，企业层面的数据主要来自企业的主动披露、第三方问卷调查和政府机构调查，已有数据有诸多欠缺与不足。首先，由于强制性披露的政策法规还不普及，大量企业尤其是发展中国家的企业通常不会披露企业的气候变化相关数据，包括温室气体排放和气候变化风险。此外，企业主动披露和第三方问卷调查都存在数据可信度的问题。其次，现有数据涵盖的范围并不完备。目前广泛使用的数据通常集中在直接（Scope 1）碳排放和耗能产生的间接（Scope 2）碳排放，但是供应链相关的间接（Scope 3）碳排放数据有严重欠缺。同时，碳排放数据本身必须和产生碳排放的工业过程数据结合起来才能发挥作用，但是描绘产生温室气体的过程的数据还很稀少。最后，现有碳排放数据来源非常分散，且缺乏统一的格式。为了解决以上问题，可能需要通过政府来协调企业对气候变化相关数据的披露，进一步整合现有的气候变化相关联数据，并采集新的关联数据，在碳排放数据和其他数据源提供的工业过程数据间建立起对应关系。

主要参考文献

［1］联合国.适应气候变化［EB/OL］［2018 – 01 – 30］. http：//www. un. org/zh/climatechange/living-with-climate-change. shtml.

［2］世界卫生组织.Climate change and health［EB/OL］［2018 – 01 – 30］ http：//www. who. int/news-room/fact-sheets/detail/dimate-change-and-health.

［3］Ostrom E. A Polycentric Approach for Coping with Climate Change［R］. 2009（October）.

［4］Maersk. Sustainability Report［EB/OL］［2018 – 01 – 30］. https：//www. maersk. com/business/sustainability.

［5］雀巢.Acting on climate change［EB/OL］［2018 – 01 – 30］. https：//www. nestle. com/csv/impact/climate-change.

［6］Anton W R Q, Deltas G, Khanna M. Incentives for environmental self-regulation and implications for environmental performance［J］. Journal of Environmental Economics and Management, 2004, 48（1）：632 – 654.

［7］富达基金.对责任投资的承诺［EB/OL］［2018 – 01 – 30］. http：//www. fidelity. com. cn/zh-cn/about-us/esg. html.

［8］Freeman R E. Cambridge University Press, 1984. Strategic Management：A Stakeholder Approach［M］, 1984.

［9］Haigh N，Griffiths A. The Natural Environment as a Primary Stakeholder：the Case of Climate Change ［J］. Business Strategy and the Environment，2009，18（6）：347 – 359.

［10］Mitchell R K，Agle B R，Wood D J. Toward a Theory of Stakeholder Identification and Salience：Defining the Principle of Who and What Really Counts ［J］. The Academy of Management Review，1997，22（4）：853.

［11］Krabbe O，Linthorst G，Blok K，Crijns-Graus W，Van Vuuren D P，Höhne N，Faria P，Aden N，Pineda A C. Aligning Corporate Greenhouse-gas Emissions Targets with Climate Goals ［J］. Nature Climate Change，2015，5（12）：1057 – 1060.

［12］van den Hove S，Le Menestrel M，de Bettignies H-C. The Oil Industry and Climate Change：Strategies and Ethical Dilemmas ［J］. Climate Policy，2002，2（1）：3 – 18.

［13］Dunn S. Down to Business on Climate Change. ［J］. Greener Management International，2002（39）：27 – 41.

［14］Kolk A，Pinkse J. Market Strategies for Climate Change ［J］. European Management Journal，2004，22（3）：304 – 314.

［15］Levy D L. MIT Press，2005. Business and the Evolution of the Climate Regime：The Dynamics of Corporate Strategies ［G］//The Business of Global Environmental Governance. ，2005：73 – 104.

［16］Persson Å，Rockström J. Nature Publishing Group，2011. Business leaders ［J］. Nature Climate Change，2011，1（9）：426 – 427.

［17］Cadez S，Czerny A. Elsevier Ltd，2016. Climate Change Mitigation Strategies in Carbon-intensive Firms ［J］. Journal of Cleaner Production，2016，112：4132 – 4143.

［18］Tseng M L，Chiu A S F，Tan R R，Siriban-Manalang A B. Elsevier Ltd，2013. Sustainable Consumption and Production for Asia：

Sustainability Through Green Design and Practice ［J］. Journal of Cleaner Production, 2013, 40: 1 - 5.

［19］Rexhäuser S, Löschel A. Invention in Energy Technologies: Comparing energy Efficiency and Renewable Energy Inventions at the Firm Level ［J］. Energy Policy, 2015, 83: 206 - 217.

［20］Gerstlberger W, Præst Knudsen M, Stampe I. Sustainable Development Strategies for Product Innovation and Energy Efficiency ［J］. Business Strategy and the Environment, 2014, 23 （2）: 131 - 144.

［21］Gouldson A, Sullivan R. Elsevier Ltd, 2013. Long-term Corporate Climate Change Targets: What could they Deliver? ［J］. Environmental Science and Policy, 2013, 27: 1 - 10.

［22］Gouldson A, Sullivan R. Understanding the Governance of Corporations: An Examination of the Factors Shaping UK Supermarket Strategies on Climate Change ［J］. Environment and Planning A, 2014, 46 （12）: 2972 - 2990.

［23］Rietbergen M G, Van Rheede A, Blok K. Elsevier Ltd, 2015. The Target-setting Process in the CO2 Performance Ladder: Does it Lead to Ambitious Goals for Carbon Dioxide Emission Reduction? ［J］. Journal of Cleaner Production, 2015, 103: 549 - 561.

［24］Doda B, Gennaioli C, Gouldson A, Grover D, Sullivan R. Are Corporate Carbon Management Practices Reducing Corporate Carbon Emissions? ［J］. Corporate Social Responsibility and Environmental Management, 2016, 23 （5）: 257 - 270.

［25］Pizer W A. The Case for Intensity Targets ［J］. Climate Policy, 2005, 5 （4）: 455 - 462.

［26］Dudek D, Golub A. Intensity Targets: Pathway or Roadblock to Preventing Climate Change while Enhancing Economic Growth? ［J］. Climate Policy, 2003, 3: S21 - S28.

[27] Böhringer C, Löschel A, Moslener U, Rutherford T F. EU Climate Policy up to 2020: An Economic Impact Assessment [J]. Energy Economics, 2009, 31: S295 – S305.

[28] Sullivan R, Gouldson A. Comparing the Climate Change Actions, Targets and Performance of UK and US Retailers [J]. Corporate Social Responsibility and Environmental Management, 2016, 23 (3): 129 – 139.

[29] Environmental Protection Agency. Greenhouse Gas Reporting Program [EB/OL]., 2016 (2016) [2017 – 02 – 01]. https://www.epa.gov/ghgreporting.

[30] Olmstead S M, Stavins R N. Three Key Elements of a Post – 2012 International Climate Policy Architecture [J]. Review of Environmental Economics and Policy, 2012, 6 (1): 65 – 85.

[31] Cornwall W. Can U. S. States and Cities Overcome Paris Exit? [J]. Science, 2017, 356 (6342): 1000 – 1000.

[32] Mochizuki J. Assessing the Designs and Effectiveness of Japan's Emissions Trading Scheme [J]. Climate Policy, 2011, 11 (6): 1337 – 1349.

[33] Young N, Coutinho A. Government, Anti-Reflexivity, and the Construction of Public Ignorance about Climate Change: Australia and Canada Compared [J]. Global Environmental Politics, 2013, 13 (2): 89 – 108.

[34] Chandler W, Schaeffer R, Zhou D, Shukla P R, Tudela F, Davidson O, Alpan-Atamer S. 2002. Climate Change Mitigation in Developing Countries: Brazil, China, India, Mexico, South Africa, and Turkey [EB/OL]. Pew Center on Global Climate Change, Washington, DC. , 2002 (2002) [2017 – 03 – 15]. https://www.c2es.org/publications/climate-change-mitigation-developing-countries.

[35] Mirza M M Q. Climate Change and Extreme Weather Events: can Developing Countries Adapt? [J]. Climate Policy, 2003, 3 (3): 233 – 248.

［36］Schreurs M A. The Paris Climate Agreement and the Three Largest Emitters：China，the United States，and the European Union ［J］.，2016，4 （3）：219 – 223.

［37］ European Union. Greenhouse Gas Emission Statistics ［EB/OL］.， 2016（2016）［2016 – 09 – 01］. http：//ec. europa. eu/eurostat/statistics-explained/ index. php/Greenhouse_ gas_ emission_ statistics.

［38］ United States Environmental Protection Agency. U. S. Greenhouse Gas Inventory Report：1990 – 2014 ［EB/OL］.，2016（2016）［2016 – 09 – 01］. https：//www. epa. gov/ghgemissions/us-greenhouse-gas-inventory-report – 1990 – 2014.

［39］ Kelemen R D，Vogel D. Trading Places：The Role of the United States and the European Union in International Environmental Politics ［J］. Comparative Political Studies，2009，43（4）：427 – 456.

［40］ Skjærseth J B，Bang G，Schreurs M A. Explaining Growing Climate Policy Differences Between the European Union and the United States ［J］. Global Environmental Politics，2013，13（4）：61 – 80.

［41］ Shehata A， Hopmann D N. Framing Climate Change ［J］. Journalism Studies，2012，13（2）：175 – 192.

［42］ Lorenzoni I，Pidgeon N F. Public Views on Climate Change： European and USA Perspectives ［J］. Climatic Change，2006，77（1 – 2）： 73 – 95.

［43］ Williams S，Schaefer A. Small and Medium-Sized Enterprises and Sustainability：Managers' Values and Engagement with Environmental and Climate Change Issues ［J］. Business Strategy and the Environment，2013，22 （3）：173 – 186.

［44］ Herzog T，Baumert K A.，Pershing J. Target：Intensity-An Analysis of Greenhouse Gas Intensity Targets ［M］. World Resource Institute， 2006.

［45］Ioannou I, Li S X, Serafeim G. The Effect of Target Difficulty on Target Completion：The Case of Reducing Carbon Emissions ［J］. Accounting Review, 2016, 91（5）: 1467 - 1492.

［46］Sullivan R, Gouldson A. The Governance of Corporate Responses to Climate Change：An International Comparison ［J］. Business Strategy and the Environment, 2016.

［47］Jones C A, Levy D L. North American Business Strategies Towards Climate Change ［J］. European Management Journal, 2007, 25（6）: 428 - 440.

［48］Hurtarte J S, Wolsheimer E A, Tafoya L M. Newnes ［M］. Understanding Fabless IC Technology, 2007.

［49］Bartos S C, Lieberman D, Burton C S. Estimating the Impact of Migration to Asian Foudry Production on Attaining the WSC 2010 PFC Reduction Goal ［EB/OL］. , 2003（April 2003）: 199 - 203（2003）［2017 - 02 - 01］. https：//www. epa. gov/sites/production/files/2016 - 02/documents/foundry_ impact. pdf.

［50］Weinhofer G, Hoffmann V H. Mitigating Climate Change-How Do Corporate Strategies Differ? ［J］. Business Strategy and the Environment Bus. Strat. Env, 2010, 19（September 2008）: 77 - 89.

［51］Huang Y A, Weber C L, Matthews H S. Categorization of Scope 3 Emissions for Streamlined Enterprise Carbon Footprinting ［J］. Environmental Science and Technology, 2009, 43（22）: 8509 - 8515.

［52］Sullivan R. An Assessment of the Climate Change Policies and Performance of Large European Companies ［J］. Climate Policy, 2010, 10（1）: 38 - 50.

［53］Cisco. Corporate Social Responsibility Report ［EB/OL］. , 2015（2015）［2017 - 02 - 01］. http：//www. cisco. com/assets/csr/pdf/CSR_ Report_ 2015. pdf.

［54］Skjaerseth J B，Skodvin T. Climate Change and the Oil Industry：Common Problems，Different Strategies ［J］. 2001，1（November）：43 – 64.

［55］Khanna M，Damon L A. EPA's Voluntary 33/50 Program：Impact on Toxic Releases and Economic Performance of Firms ［J］. Journal of Environmental Economics and Management，1999，37（1）：1 – 25.

［56］Busch T. Comment on《Corporate Carbon Performance Indicators Revisited》［J］. Journal of Industrial Ecology，2011，15（1）：160 – 163.

［57］Global Reporting Initiative. Sustainability Reporting Guidelines ［EB/OL］. 2011（2011）［2017 – 03 – 15］. https：//www. globalreporting. org/resourcelibrary/G3. 1-Guidelines-Incl-Technical-Protocol. pdf.

［58］Ioannou I，Li S X，Serafeim G. The Effect of Target Difficulty on Target Completion：The Case of Reducing Carbon Emissions ［J］. The Accounting Review，2016，91（5）：1467 – 1492.

［59］Martin R，Muûls M，De Preux L B，Wagner U J. Anatomy of a paradox：Management Practices，Organizational Structure and Energy Efficiency ［J］. Journal of Environmental Economics and Management，2012，63（2）：208 – 223.

［60］Okereke C. An Exploration of Motivations，Drivers and Barriers to Carbon Management：. The UK FTSE 100 ［J］. European Management Journal，2007，25（6）：475 – 486.

［61］Wang D，Li S，Sueyoshi T. DEA Environmental Assessment on U. S. Industrial Sectors：Investment for Improvement in Operational and Environmental Performance to Attain Corporate Sustainability ［J］. Energy Economics，2014，45.

［62］Liu X，Mao G，Ren J，Li R Y M，Guo J，Zhang L. How Might China Achieve its 2020 Emissions Target? A Scenario Analysis of Energy Consumption and CO2 Emissions Using the System Dynamics Model ［J］. Journal of Cleaner Production，2015，103：401 – 410.

［63］ Rasiah R，Al-Amin A Q，Ahmed A，Filho W L，Calvo E. Climate Mitigation Roadmap：Assessing Low Carbon Scenarios for Malaysia ［J］. Journal of Cleaner Production，2016，133：272 – 283.

［64］Yi B-W，Xu J-H，Fan Y. Determining Factors and Diverse Scenarios of $CO2$ Emissions Intensity Reduction to Achieve the 40 – 45% Target by 2020 in China-a Historical and Prospective Analysis for the Period 2005 – 2020 ［J］. Journal of Cleaner Production，2016，122：87 – 101.

［65］ Hamidi-Cherif M，Guivarch C，Quirion P. Sectoral Targets for Developing Countries：Combining Common but Differentiated Re-sponsibilities' with Meaningful Participation' ［J］. Climate Policy，2011，11（1）：731 –751.

［66］ Kuramochi T. Assessment of CO_2 Emissions Pathways for the Japanese Iron and Steel Industry Towards 2030 with Consideration of Process Capacities and Operational Constraints to Flexibly Adapt to a Range of Production Levels ［J］. Journal of Cleaner Production，2017，147：668 – 680.

［67］ Suchman M C. Managing legitimacy：Strategic and Institutional Approaches ［J］. Academy of Management Review，1995，20（3）：571 –610.

［68］ Delmas M， Toffel M W. Stakeholders and Environmental Management Practices：an Institutional Framework ［J］. Business Strategy and the Environment，2004，13（4）：209 – 222.

［69］ Bloom N，Van Reenen J. Why Do Management Practices Differ Across Firms and Countries？［J］. Journal of Economic Perspectives，2010，24（1）：203 –224.

［70］ Hoffman A J. Carbon Strategies：How Leading Companies are Reducing Their Climate Change Footprint ［J］. ，2007（January）：175.

［71］ Bhupendra K V，Sangle S. Pollution prevention Strategy：a Study of Indian Firms ［J］. Journal of Cleaner Production，2016，133：795 – 802.

［72］ Girod B. Product-oriented Climate Policy：Learning from the Past to Shape the Future ［J］. Journal of Cleaner Production，2016，128：209 – 220.

［73］Sueyoshi T, Wang D. Measuring Scale Efficiency and Returns to Scale on Large Commercial Rooftop Photovoltaic Systems in California ［J］. Energy Economics, 2017, 65: 389 – 398.

［74］Sullivan R, Gouldson A. Elsevier, 2013. Ten Years of Corporate Action on Climate Change: What do We Have to Show for it? ［J］. Energy Policy, 2013, 60: 733 – 740.

［75］Nakamura M, Takahashi T, Vertinsky I. Why Japanese Firms Choose to Certify: A Study of Managerial Responses to Environmental Issues ［J］. Journal of Environmental Economics and Management, 2001, 42: 23 – 52.

［76］Blair D J. The Framing of International Competitiveness in Canada's Climate Change Policy: Trade-off or Synergy? ［J］. Climate Policy, 2017, 17 (6): 764 – 780.

［77］Tranter B. Political Divisions over Climate Change and Environmental Issues in Australia ［J］. Environmental Politics, 2011, 20 (1): 78 – 96.

［78］Ford J D, Pearce T, Prno J, Duerden F, Berrang Ford L, Beaumier M, Smith T. Perceptions of Climate Change Risks in Primary Resource Use Industries: a Survey of the Canadian Mining Sector ［J］. Regional Environmental Change, 2010, 10 (1): 65 – 81.

［79］Aldy J E, Pizer W A, Akimoto K. Comparing Emissions Mitigation Efforts Across countries ［J］. Climate Policy, 2017, 17 (4): 501 – 515.

［80］Stanny E. Voluntary Disclosures of Emissions by US Firms ［J］. Business Strategy and the Environment, 2013, 22 (3): 145 – 158.

［81］Bowen F E. Environmental Visibility: A Trigger of Green Organizational Response? ［J］. Business Strategy and the Environment, 2000, 9 (2): 92 – 107.

［82］Sharma S, Henriques I. Stakeholder Influences on Sustainability Practices in the Canadian Forest Products Industry ［J］. Strategic Management Journal, 2005, 26 (2): 159 – 180.

［83］Russo M V. , Fouts P A . A Resource-Based Perspective on Corporate Environmental Performance and Profitability ［J］. Academy of Management, 2016, 40 (3): 534 – 559.

［84］Yu Y, Wang D D, Li S, Shi Q. Assessment of U. S. Firm-level Climate Change Performance and Strategy ［J］. Energy Policy, 2016, 92: 432 – 443.

［85］Lutsey N, Sperling D. America's Bottom-up Climate Change Mitigation Policy ［J］. Energy Policy, 2008, 36 (2): 673 – 685.

［86］Reid E M, Toffel M W. Responding to Public and Private Politics: Corporate Disclosure of Climate Change Strategies ［J］. Strategic Management Journal, 2009, 30 (11): 1157 – 1178.

［87］Randers J. Elsevier, 2012. Greenhouse Gas Emissions Per Unit of Value Added (《GEVA》) -A Corporate Guide to Voluntary Climate Action ［J］. Energy Policy, 2012, 48: 46 – 55.

［88］Reiche D. Climate Policies in the U. S. at the Stakeholder Level: A Case Study of the National Football League ［J］. Energy Policy, 2013, 60: 775 – 784.

［89］Sueyoshi T, Wang D. Sustainability Development for Supply Chain Management in U. S. Petroleum Industry by DEA Environmental Assessment ［J］. Energy Economics, 2014, 46.

［90］Okereke C, McDaniels D. To What Extent are EU Steel Companies Susceptible to Competitive Loss Due to Climate Policy? ［J］. Energy Policy, 2012, 46: 203 – 215.

［91］Sudhakara Reddy B, Assenza G B. The Great Climate Debate ［J］. Energy Policy, 2009, 37 (8): 2997 – 3008.

［92］Porter M E, Van der Linde C. Toward a New Conception of the Environment-competitiveness Relationship ［J］. Journal of Economic Perspectives, 1995, 9 (4): 97 – 118.

［93］Orlitzky M，Schmidt F L，Rynes S L. Corporate Social and Financial Performance：A Meta-Analysis［J］. Organization Studies，2003，24（3）：403 – 441.

［94］Rothenberg S，Pil F K，Maxwell J. Lean，Green，and the Quest for Superior Environmental Performance［J］. Production and Operations Management，2009，10（3）：228 – 243.

［95］González-Benito J，González-Benito Ó. Environmental Proactivity and Business Performance：an Empirical Analysis［J］. Omega，2005，33（1）：1 – 15.

［96］Sueyoshi T，Yuan Y，Goto M. A Literature Study for DEA Applied to Energy and Environment［J］. Energy Economics，2017，62：104 – 124.

［97］Mukherjee K. Energy Use Efficiency in the Indian Manufacturing Sector：An Interstate Analysis［J］. Energy Policy，2008，36（2）：662 – 672.

［98］Mukherjee K. Energy Use Efficiency in U. S. Manufacturing：A Nonparametric Analysis［J］. Energy Economics，2008，30（1）：76 – 96.

［99］Liu C H，Lin S J，Lewis C. Evaluation of Thermal Power Plant Operational Performance in Taiwan by Data Envelopment Analysis［J］. Energy Policy，2010，38（2）：1049 – 1058.

［100］Zhou P，Ang B W，Poh K L. Slacks-based Efficiency Measures for Modeling Environmental Performance［J］. Ecological Economics，2006，60（1）：111 – 118.

［101］Zhou Y，Xing X，Fang K，Liang D，Xu C. Environmental Efficiency Analysis of Power Industry in China Based on an Entropy SBM Model［J］. Energy Policy，2013，57：68 – 75.

［102］Chang D-S，Liu W，Yeh L-T. Elsevier B. V.，2013. Incorporating the Learning Effect into Data Envelopment Analysis to Measure MSW Recycling Performance［J］. European Journal of Operational Research，2013，229（2）：496 – 504.

［103］Bi G B, Song W, Zhou P, Liang L. Elsevier, 2014. Does Environmental Regulation Affect Energy Efficiency in China's Thermal Power Generationα Empirical Evidence from a Slacks-based DEA Model ［J］. Energy Policy, 2014, 66: 537 – 546.

［104］Sueyoshi T, Goto M, Ueno T. Elsevier, 2010. Performance Analysis of US Coal-fired Power Plants by Measuring Three DEA Efficiencies ［J］. Energy Policy, 2010, 38 (4): 1675 – 1688.

［105］Tajbakhsh A, Hassini E. A Data Envelopment Analysis Approach to Evaluate Sustainability in Supply Chain Networks ［J］. Journal of Cleaner Production, 2015, 105: 74 – 85.

［106］Färe R, Grosskopf S, Lovell C A K, Pasurka C. Multilateral Productivity Comparisons When Some Outputs are Undesirable: a Nonparametric Approach ［J］. The Review of Economics and Statistics, 1989, 71 (1): 90 – 98.

［107］Watanabe M, Tanaka K. Efficiency Analysis of Chinese Industry: A Directional Distance Function Approach ［J］. Energy Policy, 2007, 35 (12): 6323 – 6331.

［108］Yang H, Pollitt M. The Necessity of Distinguishing Weak and Strong Disposability Among Undesirable Outputs in DEA: Environmental Performance of Chinese Coal-fired Power plants ［J］. Energy Policy, 2010, 38 (8): 4440 – 4444.

［109］Sueyoshi T, Goto M. Elsevier B. V. , 2012. Data Envelopment Analysis for Environmental Assessment: Comparison between Public and Private Ownership in Petroleum Industry ［J］. European Journal of Operational Research, 2012, 216 (3): 668 – 678.

［110］Sarkis J, Gonzalez-Torre P, Adenso-Diaz B. Elsevier B. V. , 2010. Stakeholder Pressure and the Adoption of Environmental Practices: The

Mediating Effect of Training [J]. Journal of Operations Management, 2010, 28 (2): 163 - 176.

[111] Vachon S, Klassen R D. Extending Green Practices Across the Supply Chain [J]. International Journal of Operations & Production Management, 2006, 26 (7): 795 - 821.

[112] Sueyoshi T, Goto M. Measurement of a Linkage Among Environmental, Operational, and Financial Performance in Japanese Manufacturing Firms: A Use of Data Envelopment Analysis with Strong Complementary Slackness Condition [J]. European Journal of Operational Research, 2010, 207 (3): 1742 - 1753.

[113] Murphy J, Gouldson A. Environmental Policy and Industrial Innovation: Integrating Environment and Economy Through Ecological Modernisation [J]. Geoforum, 2000, 31 (1): 33 - 44.

[114] Hall J. Springer London Environmental Supply Chain Innovation [G] //Greening the Supply Chain. : 233 - 249.

[115] Simpson D. Use of Supply Relationships to Recycle Secondary Materials [J]. International Journal of Production Research, 2010, 48 (1): 227 - 249.

[116] Wong C W Y, Lai K H, Cheng T C E. Complementarities and Alignment of Information Systems Management and Supply Chain Management [J]. International Journal of Shipping and Transport Logistics, 2009, 1 (2): 156.

[117] Lai K, Wong C W Y, Cheng T C E. Institutional Isomorphism and the Adoption of Information Technology for Supply Chain Management [J]. Computers in Industry, 2006, 57 (1): 93 - 98.

[118] Jennings P D, Zandbergen P A. Ecologically Sustainable Organizations: An Institutional Approach [J]. The Academy of Management Review, 1995, 20 (4): 1015.

［119］Rivera J. Institutional Pressures and Voluntary Environmental Behavior in Developing Countries：Evidence From the Costa Rican Hotel Industry［J］. Society & Natural Resources, 2004, 17 (9)：779 – 797.

［120］Harris P G. Environmental Perspectives and Behavior in China［J］. Environment and Behavior, 2006, 38 (1)：5 – 21.

［121］Barney J. Firm Resources and Sustained Competitive Advantage ［J］. Journal of Management, 1991, 17 (1)：99 – 120.

［122］Paloviita A, Luoma-aho V. Recognizing Definitive Stakeholders in Corporate Environmental Management ［J］. GOLLAGHER M. Management Research Review, 2010, 33 (4)：306 – 316.

［123］Yang J, Wang J, Wong C, Lai K. Relational Stability and Alliance Performance in Supply Chain［J］. Omega, 2008, 36 (4)：600 – 608.

［124］Wuyts S, Stremersch S, Van den Bulte C, Franses P H. Vertical Marketing Systems for Complex Products：A Triadic Perspective［J］. Journal of Marketing Research, 2004, 41 (4)：479 – 487.

［125］Walton S V., Handfield R B, Melnyk S A. The Green Supply Chain：Integrating Suppliers into Environmental Management Processes［J］. International Journal of Purchasing and Materials Management, 1998, 34 (1)：2 – 11.

［126］Theyel G. Springer London Customer and Supplier Relations for Environmental Performance［G］//Greening the Supply Chain. ：139 – 149.

［127］Tate W L, Ellram L M, Kirchoff J F. Corporate Social Responsibility Reports：A Thematic Analysis Related to Supply Chain Management［J］. Journal of Supply Chain Management, 2010, 46 (1)：19 – 44.

［128］Vachon S. Green Supply Chain Practices and the Selection of Environmental Technologies［J］. International Journal of Production Research, 2007, 45 (18 – 19)：4357 – 4379.

［129］Howarth R W, Santoro R, Ingraffea A. Methane and the Greenhouse-gas Footprint of Natural Gas from Shale Formations ［J］. Climatic Change, 2011, 106 (4): 679 – 690.

［130］King A, Lenox M. Exploring the Locus of Profitable Pollution Reduction ［J］. Management Science, 2002, 48 (2): 289 – 299.

［131］Petek J, Glavič P, Kostevšek A. Comprehensive Approach to Increase Energy Efficiency Based on Versatile Industrial Practices ［J］. Journal of Cleaner Production, 2016, 112: 2813 – 2821.

［132］Jira C F, Toffel M W. Engaging Supply Chains in Climate Change ［J］. Manufacturing & Service Operations Management, 2013, 15 (4): 559 – 577.

［133］Klassen R D, Whybark D C. The Impact of Environmental Technologies on Manufacturing Performance ［J］. Academy of Management Journal, 1999, 42 (6): 599 – 615.

［134］Frondel M, Horbach J, Rennings K. End-of-pipe or Cleaner Production? An Empirical Comparison of Environmental Innovation Decisions Across OECD Countries ［J］. Business Strategy and the Environment, 2007, 16 (8): 571 – 584.

［135］Dutt N, King A A. The Judgement of Garbage: End-of-pipe Treatment and Waste Reduction ［J］. Management Science, 2014, 60 (7): 1812 – 1828.

［136］Gibson C B, Birkinshaw J. The Antecedents, Consequences, and Mediating Role of Organizational Ambidexterity ［J］. Academy of Management Journal, 2004, 47 (2): 209 – 226.

［137］Prendergast C. The Provision of Incentives in Firms ［J］. Journal of Economic Literature, 1999, 37 (1): 7 – 63.

［138］Lazear E P. Performance Pay and Productivity ［J］. American Economic Review, 2000, 90 (5): 1346 – 1361.

［139］Merriman K K, Sen S. Incenting Managers Toward the Triple Bottom Line: An Agency and Social Norm Perspective ［J］. Human Resource Management, 2012, 51 （6）: 851 – 871.

［140］Gale S F. Small Rewards can Push Productivity ［J］. Workforce, 2002, 81 （6）: 86 – 88.

［141］Kim Y-B, An H T, Kim J D. The Effect of Carbon Risk on the Cost of Equity Capital ［J］. Journal of Cleaner Production, 2015, 93: 279 – 287.

［142］Arora M P, Lodhia S. The BP Gulf of Mexico Oil Spill: Exploring the Link between Social and Environmental Disclosures and Reputation Risk Management ［J］. Journal of Cleaner Production, 2017, 140: 1287 – 1297.

［143］Murillo-Luna J L, Garcés-Ayerbe C, Rivera P. Why Do Patterns of Environmental Response Differ? A Stakeholders' Pressure Approach ［J］. Strategic Management Journal, 2008, 2918725329 （29）: 1225 – 1240.

［144］Thomas C D, Cameron A, Green R E, Bakkenes M, Beaumont L J, Collingham Y C, Erasmus B F N, de Siqueira M F, Grainger A, Hannah L, Hughes L, Huntley B, van Jaarsveld A S, Midgley G F, Miles L, Ortega-Huerta M A, Townsend Peterson A, Phillips O L, Williams S E. Extinction risk from climate change ［J］. Nature, 2004, 427 （6970）: 145 – 148.

［145］Cordano M, Frieze I H. Pollution Reduction Preferences of U. S. Environmental Managers ［J］. Academy of Management Journal, 2000, 43 （4）: 627 – 641.

［146］Berrone P, Gomez-Mejia L R. Environmental Performance and Executive Compensation: An Integrated Agency-institutional Perspective ［J］. Academy of Management Journal, 2009, 52 （1）: 103 – 126.

［147］Holmstrom B, Milgrom P. Cambridge University Press, 1991. Multitask principal-Agent Analyses: Incentive Contracts, Asset Ownership, and Job Design ［J］. KROSZNER R S, PUTTERMAN L. Journal of Law, Economics & Organization, Cambridge: 1991, 7: 24 – 52.

［148］Arvizu D，Bruckner T，Edenhofer O，Estefen S，Faaij A，Fischedick M. Cambridge University Press，2011. IPCC Special Report on Renewable Energy Sources and Climate Change Mitigation ［M］.，2011 Cambridge，United Kingdom and New York，NY，USA：（May 2011）.

［149］Beck N，Katz J N. What To Do（and Not to Do）with Time-Series Cross-Section Data ［J］. American Political Science Review，1995，89（3）：634－647.

［150］Greene W H. Prentice-Hall，1997. Econometric Analysis（3）［M］. 1997，Upper Saddle River，NJ.

［151］Kassinis G I，Soteriou A C. Greening the Service Profit Chain：The Impact of Environmental Management Practices ［J］. Production and Operations Management，2003，12（3）：386－403.

［152］Diabat A，Simchi-Levi D. IEEE，2009. A Carbon-capped Supply Chain Network Problem ［C］//2009 IEEE International Conference on Industrial Engineering and Engineering Management.，2009：523－527.

［153］IEA. World Energy Investment ［R］. 2017.

［154］Wang D D. Unravelling the Effects of the Environmental Technology Portfolio on Corporate Sustainable Development ［J］. Corporate Social Responsibility and Environmental Management，2018.

［155］发改委. 能效"领跑者"制度实施方案 ［S］，2014.

［156］IEA. 能效市场报告2016：中国能效市场报告2016年特刊 ［R］，2016.

［157］国务院. 国务院关于促进光伏产业健康发展的若干意见 ［S］，2013.

［158］IEA. Energy Efficiency Renewable Policy Alignment：Coordinating Policy to Optimize Energy Savings ［R］，2017.

［159］能源局. 能源发展"十三五"规划 ［S］，2016.

［160］Gillingham K, Newell R G, Palmer K. Energy Efficiency Economics and Policy ［J］. Annual Review of Resource Economics, 2009, 1 (1): 597 – 620.

［161］Jaffe A B, Stavins R N. The Energy-efficiency Gap What does it mean? ［J］. Energy Policy, 1994, 22 (10): 804 – 810.

［162］Gillingham K, Palmer K. Bridging the Energy Efficiency Gap: Policy Insights from Economic Theory and Empirical Evidence ［J］. Review of Environmental Economics and Policy, 2014, 8 (1): 18 – 38.

［163］Aflaki S, Kleindorfer P R, de Miera Polvorinos V S. Finding and Implementing Energy Efficiency Projects in Industrial Facilities ［J］. Production and Operations Management, 2013, 22 (3): 503 – 517.

后 记

  气候变化正在成为企业管理中无法回避的重要问题。如何将气候变化因素更好地纳入企业管理中去，需要科学化的方法和理论指导。本书的主旨是对企业应对气候变化的管理方法进行系统的分析研究，以期为相关问题的研究者、管理的实践者和对该问题感兴趣的读者提供有益的参考与启示。

  感谢加拿大麦吉尔大学的李善玲教授和美国新墨西哥理工大学的Toshiyuki Sueyoshi教授，他们针对本专著的研究提出了大量建设性建议。感谢南京审计大学于娱博士和中国政法大学研究生李天驰对相关研究工作的参与和支持。感谢中国政法大学青年教师学术创新团队项目（No. 18CXTD02）对研究的资助与支持。感谢知识产权出版社的编辑对本书的出版付出的辛勤努力。感谢所有为本专著付出劳动和心血的人。